JN445326

제3판

생화학 실험서

김영희 지음

월드사이언스
worldscience.co.kr

생화학 실험서 제3판

인　쇄 | 2022년 1월 15일
발　행 | 2022년 1월 25일

저　자 | 김 영 희
발행인 | 신 정 숙
발행처 | 도서출판 월드사이언스

주　소 | 서울특별시 서초구 도구로 115 월드빌딩 1층
등록일자 | 1988년 2월 12일
등록번호 | 제 16-1601호
대표전화 | (02) 581-5811~3
팩　스 | (02) 521-6418

E-mail | worldscience@hanmail.net
URL | http://www.worldscience.co.kr

정　가 | 13,000원
ISBN | 978-89-5881-310-1

머리말

본 교재는 학생들에게 생화학을 공부하는 데에 있어 좀 더 쉽게, 친근감을 가지고 접근할 수 있도록 저술했다. 특히 최신의 정보들을 간결하고 체계적으로 엮었다. 무엇보다도 생화학 현상을 직접 체험하고, 흥미를 갖게 하기 위해 집필하였다.

우리의 생명은 복잡한 생화학적 메커니즘으로 유지되기 때문에 학생들이 쉽게 접근하거나 관찰할 기회가 많지 않다. 이에 학생들이 보다 쉽게 흥미를 가질 수 있도록 이공학, 약학, 의학, 식품학, 영양학, 농학 등의 다양한 생화학 정보들을 수록하였다.

생화학 실험서의 구성은, 1장에서는 생화학을 공부하는 데 기본적으로 다루어야 할 기초 실험들을, 우리 주변의 생물 재료들을 쉽게 다룰 수 있도록 했다. 2장에서는, 생체의 생화학 반응에 관련되는 대부분의 생체분자들(단백질, 탄수화물, 지방, 천연물 등)을 각 실험 부분으로 나누어 접근하도록 했고, 특히 최근에 각광받는 중요한 기능성 물질로 알려진 레시틴이나 피니톨같은 물질들도 쉽게 접근해 볼 기회를 마련하였다. 3장에서는, 생화학 대사에 관련된 중요한 성분들을 추출하여 분석할 수 있도록 했다. 기능성 물질인 캡사이신(Capsicin) 등을 고추로부터 분리하여 분석할 수 있는 방법들을 탐구하도록 했다. 4장에서는, 이해하고 알아야 할 의·약학 분야의 자료들인 소변의 분석, 간 기능 검사, 신장 검사 등의 임상 병리학적인 자료들을 이해하도록 체계화했다. 5장에서는, 생화학에 관련되는 반응 메커니즘들이 우리 실생활의 식품들과 중요한 연관이 있음을 이해하도록 꾸몄다. 중요한 발효 제품들인 보쌈김치, 요구르트, 식초, 장(메주, 간장, 된장, 고추장, 청국장) 만들기, 효모를 이용하여 왕만두 만들기를 체험함으로써, 우리 선조들의 과학적인 사고와 지혜를 터득하고, 이와 관련된 생화학 반응들을 쉽게 체험할 수 있도록 흥미롭게 엮었다.

최근의 학문적 발전 경향과는 달리 국내 이공학 환경은 점점 뒷걸음질 치고 있다. 젊은 세대들이 생화학 현상들을 좀 더 나은 환경에서 공부할 수 있었으면 하는 바람이다. 그리고 우리나라의 생화학이 보다 좋은 환경에서 우뚝 설 수 있게 되기를 바라면서 젊은 과학도들에게 이 책을 바치고 싶다.

끝으로 생화학 실험서의 탄생을 도와주신 도서출판 월드사이언스 사장님 및 임직원들께 책이 나올 때까지 아낌없는 배려와 관심을 가져주심과 또 하나의 과학 실험서의 탄생을 지원해주신 데 대해 진심으로 감사를 전한다. 그리고 좀 더 빠른 미래에 우리나라도 선진국들처럼 생화학의 발전이 무궁무진하기를 기원한다.

저자 **김영희**

차 례

제 1 장 생화학 실험의 기본방법 ······ 1

실험 1. 완충용액의 제조와 pH 측정 / 3

실험 2. Chromatography-흡착 Column 크로마토그래피 / 10

실험 3. 크로마토그래피-Thin Layer Chromatography(TLC) / 15

실험 4. 전기영동(Electrophoresis) / 18

실험 5. 비색계를 이용한 화합물의 정량 / 21

실험 6. 분광광도계 / 25

실험 7. 분광광도계를 이용한 Hemoglobin 농도의 측정 / 29

제 2 장 생화학에 관련된 Biomolecules ······ 33

실험 8. 아미노산의 정성 반응 / 35

실험 9. 단백질의 정성 분석 / 40

실험 10. 단백질의 정량 분석 / 45

실험 11. Tyrosinase 단백질의 추출 및 정제 / 52

실험 12. Tyrosinase 효소의 특성 / 58

실험 13. 당의 정성 분석 / 62

실험 14. 크로마토그래피 방법에 의한 당의 분리 / 68

실험 15. 지질의 알칼리 가수분해반응 / 75

실험 16. 지질의 비누화 값의 결정 / 78

실험 17. 지질의 요오드화 반응 / 80

실험 18. 천연유화제 레시틴의 추출 / 82

실험 19. 적혈구 막지질의 추출 / 84

실험 20. 계란 노른자위로부터 콜레스테롤의 추출 및 분석 / 87

실험 21. 계란 노른자위로부터 극성지질의 추출 / 90

실험 22. 진핵생물로부터 Genome DNA의 추출 / 92

실험 23. 전기영동(Electrophoresis)에 의한 DNA의 분석 / 95

실험 24. DNA의 형질전환 / 97

실험 25. PCR에 의한 DNA 증폭 / 101

제 3 장 생화학 대사물질의 추출 및 분석 ········ 105

실험 26. 캡사이신(Capcisin)의 추출 및 분석 / 107

실험 27. 섬유질의 정량 분석 / 110

실험 28. 과채류로부터 당의 정량 분석 / 113

실험 29. 무기물의 정량 분석 / 115

실험 30. 칼슘의 정량 분석 / 117

실험 31. 인의 정량 분석 / 120

실험 32. 철의 정량 분석 / 123

실험 33. 식품의 Alkali도와 산도의 측정 / 126

실험 34. 비타민 B_1(thiamin)의 정량 분석 / 129

실험 35. 비타민 B_2(Riboflavin)의 정량 분석 / 132

실험 36. 비타민 C의 추출 / 135

실험 37. 비타민 C의 정량 분석-Hydrazine 비색법 / 138

실험 38. 비타민 C의 정량법-AOAC 정량법 / 142

제 4 장 생화학 반응의 응용 145

실험 39. 혈액으로부터 여러 가지 물질의 분리 / 147

실험 40. ELISA(Enzyme-Linked Immuno-Sovent Assay) 반응
- 효소에 결합한 면역흡착제 분석법 / 150

실험 41. 소변으로부터 여러 성분의 분석 / 153

실험 42. 간의 기능 검사 / 159

실험 43. 간세포의 기능 검사 / 167

실험 44. 신장의 기능 검사 / 169

제 5 장 생화학에 관련된 발효 반응 173

실험 45. 보쌈김치의 발효 반응 / 175

실험 46. 요구르트의 발효 반응 / 178

실험 47. 과일식초의 발효 반응 / 181

실험 48. 막걸리의 발효 반응 / 184

실험 49. 포도주의 발효 반응 / 188

실험 50. 장 발효 반응-간장, 된장, 고추장, 청국장 / 191

실험 51. 효모를 이용한 왕만두 발효 반응 / 205

부록

부록 1. 생화학 관련 용액 제조 / 211

부록 2. 생화학 물질의 단위들 / 221

부록 3. 완충용액 / 222

부록 4. 압력을 온도로 환산하는 법 / 225

부록 5. 정상인의 소변 성분표(24시간뇨) / 226

부록 6. 유용한 Web Sites / 227

부록 7. 생명공학 정보 Web sites / 229

찾아보기 / 232

실험실에서의 안전 수칙

(1) 일반적 주의사항

실험실은 실험방법이나 기술을 배우는 데 갖추어야 할 능력을 기르기 위해 훈련을 쌓는 곳이다. 비록 간단한 실험이라 할지라도 그 실험을 통해 정확한 관찰력과 현상을 논리적으로 사고하고 분석하는 통찰 능력을 기르도록 힘써야 한다. 그러므로 실험실에서는 다음과 같은 여러 가지 주의사항들을 잘 지키고, 지도교수의 방향을 따라야만 좋은 결실을 얻고서 안전하게 실험을 마무리할 수 있다.

1) 실험실에서 항상 청결을 유지한다

실험실을 차분하게 '연구할 수 있는 곳'으로 만들기 위해서는 조용한 분위기와 정리정돈이 필요하다. 항상 실험대 주변을 청결하게 정돈하고, 사용한 유리기구는 다음 실험에 사용할 수 있도록 깨끗이 씻어 물이 빠질 수 있도록 거꾸로 놓아둔다. 불결하고 정돈되지 않은 실험실에서는 믿을 만한 결과를 얻기 어려울 뿐만 아니라 사고가 발생할 수 있기 때문이다.

2) 공용기자재는 주의하여 다룬다

공동으로 사용하는 각종 기자재는 사용한 후 깨끗이 손질하여 반드시 제자리에 반납하고 다른 사람이 사용하는 데 불편이 없도록 해야 한다. 정밀한 실험기재(화학저울, pH 측정기, 분광광도계 등)는 조심스럽게 다루어야 하며, 고장이 생겼을 때에는 조교, 또는 지도교수에게 알려서 후속 조치를 취할 수 있도록 한다.

3) 실험기재는 절약하여 사용한다

생명공학 실험실에서는 품질의 수준이 높은 'GR급' 시약 및 값 비싼 기자재들이 많이 사용된다. 시약과 소모품은 물론 전기, 가스, 수돗물까지도 낭비하지 않도록 한다. 똑같은 실험을 다시 할 필요가 생겼을 경우에는 우선 앞서 한 실험의 실패 원인을 면밀하게 검토한 후에 다시 시작하여야 한다.

* GR급 시약 : 품질보증 시약(Guaranteed Reagent)의 약자, 학생 실험에서는 특별한 경우를 제외하고 이보다 품질이 낮은 AR(Analytical Reagent)이나 CP(Chemical Pure) 시약을 사용하여도 무방하다.

4) 실험 내용과 실험기자재에 대하여 예습한다

실험에 관한 예비지식을 가지지 않고 계획 없이 맹목적으로 하는 실험은 무의미하다. 실험에 앞서 반드시 그 실험에 관한 원리를 파악하는 한편, 실험방법을 검토하여 계획을 세워서 실험을 능률적으로 하여야 한다. 또 그 실험에 필요한 시약과 기자재들을 모두 갖춘 다음에 실험에 착수해야 한다.

5) 모든 실험조작은 지도교수의 지시에 따라야 한다

지도교수의 지시가 없는 한 임의로 약품을 직접 손에 묻히거나 맛을 보거나, 냄새를 맡는 일이 없도록 하여야 한다. 만약, 냄새를 맡아야 할 일이 있을 때에는 얼굴을 용기 바로 위로 가져가지 말고, 용기 위를 손으로 쓸 듯이 부채질하여 되도록 냄새가 자기

쪽으로 오지 않게 해야 한다.

6) 지침서에 따라 실험을 수행하여야 한다

지침서 실습 순서에 따라 바르게 습득한 후에 다음 조작을 하도록 하여야 한다. 시약의 분량과 용도도 반드시 지침서에 지정된 시약, 지정된 분량을 정확하게 정량하여 사용하여야 한다. 시약을 과량으로 넣으면 낭비가 될 뿐만 아니라 오히려 조작이 복잡해지며, 기대하는 정확한 결과를 얻을 수 없게 된다.

7) 시약은 재확인하고 오염되지 않도록 하여야 한다

시약은 병에서 내용물을 꺼내기 전에 시약명을 확인하여야 하며, 쓰다 남은 시약은 절대로 시약병에 다시 넣지 말아야 한다. 시약병 전체가 오염될 수 있다. 시약을 위한 스푼도 시약통 속으로 넣지 말며 시약병의 머리를 가볍게 두드리면서 필요한 용량이 나오도록 조심스레 정량한다.

8) 실습 후의 뒤처리를 깨끗이 한다.

실습이 끝나면 사용하였던 기구는 깨끗이 씻어서 시약병과 함께 제자리에 정돈하고, 특수기구는 반드시 지정된 장소에 두도록 한다. 마지막으로 실험실을 나올 때는 전기, 수도, 가스에 이상이 없는가를 각 조원이 합심하여 확인하고 또한 최종 퇴실자는 실험실 전체의 안전유무를 확인하여야 한다.

(2) 실험실 사고에 대한 조치

1) 사고의 원인을 만들지 않는다

생명공학 실험실은 위험한 곳은 아니지만 실험실에서는 부상, 약물, 폭발 등 여러 가지 사고가 발생하기 쉽다. 이러한 사고는 대개 부주의하였거나 실험실에서 지켜야 할 규칙을 어기고 무책임한 행동을 하였을 때, 또는 충분한 준비 없이 실험을 조급하게 서둘러 수행하였을 경우에 일어날 수 있다. 불완전한 실험장치에 대한 준비와 그릇된 실험조작도 사고의 원인이 될 수 있다. 각 실험실에서 일어날 수 있는 위험한 사고의 원인을 면밀히 살펴서 사고 발생을 사전에 미리 방지할 수 있어야 한다. 실험을 하는 동안에는 실험에 관련 없는 이야기를 하거나 실험대를 떠나는 일이 없어야 하며 방과 후에나 공휴일에 혼자서 실험하는 것은 되도록 삼가야 한다.

2) 실험실에서의 차림에 주의한다

실험실에서는 항상 실험복을 입어야 하며 신발을 신어야 한다. 슬리퍼를 신어서는 안된다. 필요한 경우에는 자외선, 방사선 또는 유독성 약품들로부터 눈을 보호하기 위해서 보호안경을 착용해야 하고 유기물질을 사용할 때에는 호흡기 보호를 위하여 활성탄을 함유하고 있는 천으로 된 마스크나 방독면을 사용해야 한다.

3) 파이펫 사용은 입으로 하지 않는다

파이펫을 사용할 경우에는 절대로 입을 사용하지 말고 파이펫 펌프를 사용해야 한다. 필요한 경우, 특히 소량의 액체 또는 용액을 사용할 경우에는 파이펫만을 사용한다.

4) 유기용매의 취급시 불이나 열에 주의한다

인화성 유기용매를 담은 병을 실험대 위에 방치하는 것은 화재사고를 확대시키는 원인이 된다. 각종 인화성 용매는 반드시 실험대 장 속에 보관하고, 그것을 사용할 때는 불기에서 멀리 두고 실험하며 각별히 조심하여야 한다. 유기 에테르, 아세톤, 석유 에테르, 메탄올, 에탄올, 벤젠 등 끓는점이 비교적 낮고 인화되기 쉬운 용매를 증류하거나 가열농축할 때에는 반드시 물중탕을 하되 끓임을 순조롭게 하기 위해 다공성 사기조각 같은 것을 미리 넣어 준다. 질산 셀룰로오스는 폭발성이 있으므로 이것으로도 제조된 플라스틱 시험관은 절대로 오븐에서 말리지 말아야 한다.

5) 유독성 약품의 취급은 반드시 후드에서 한다

유독성 약품, 특히 독성이 강한 기체(할로겐, 할로겐화수소, 황화수소, 일산화탄소)를 다루는 실험은 반드시 후드 속에서 실시한다. 만일 그렇지 못할 경우 그것을 제거할 수 있는 부속장치를 붙이도록 한다. 또 메탄올, 벤젠, 사염화탄소와 같은 휘발성 용매의 증기를 흡입하지 않도록 주의한다.

6) 약품에 기인하는 사고조치는 신속하게 행한다

피부에 산이나 가성 알칼리가 묻었을 때에는 지체 없이 수돗물로 여러 번 씻은 후 묽은 중탄산나트륨 용액(산의 경우) 또는 묽은 초산(알칼리의 경우)으로 씻고 다시 물로 씻는다. 눈 속에 알칼리가 들어가면 실명될 위험이 있으므로 가능한 한 빨리 조치를 취하고 의사의 진단을 받아야 한다. 가벼운 화상이나 절상은 실험실에 비치해 둔 소독약과 연고로 간단하게 처치하면 된다. 그러나 상처가 심할 경우에는 응급실로 가서 의사의 치료를 받도록 한다. 유독성 기체로 인한 중독의 경우에도 곧바로 의사의 치료를 받도록 한다.

7) 방사선 물질을 취급할 때는 반드시 장갑과 보호막을 사용한다

방사선 물질은 극히 위험하므로 학과 실험에서는 되도록 사용하지 않도록 하며 반드시 사용해야 할 경우에는 다음과 같은 점들에 각별히 주의해야 한다. 우선 방사선 물질을 사용하지 않는 보통 실험을 수행할 경우에 주의해야 할 점들을 모두 지켜야 한다. 따라서 일회용 장갑을 반드시 끼고 방사성 물질과 신체 사이에 보호막을 두고 실험을 해야 하며 실험실 및 실험기재들의 오염 여부를 가이거 카운터(Geiger counter; 방사성 물질 측정기)를 사용하여 수시로 확인하여야 한다.

8) 실험실에는 소방용 장비와 구급용 약재를 항상 구비해 둔다

실험실에서는 다음과 같은 구급용 물품을 항상 비치해 둔다.

소방용

① 소화기(휴대용) : 실험대 3개마다 적어도 1개.

② 사염화탄소 : 500g 용량의 약병을 실험실의 여러 군대에 놓아둔다.

③ 소화용 수도전

구급약품

과산화수소(3%), 요오드포름, 머큐로크롬, 지혈용액(묽은 $FeCl_3$ 수용액)과 지혈솜, ZnO-올리브유 연고, 테라마이신 연고, 가제, 붕대, 약솜, 소독 반창고, 가위, 핀셋 등.

9) 실험실 내에서 음식물 섭취는 절대적으로 금한다

실험실에는 여러 가지 위험한 약품이 많이 사용되므로 음식물 섭취를 하지 않는 것이 좋다.

(3) 실험보고서 작성

학생 실험이든 연구실험이든 그 최종 목표는 실험결과를 정리・종합하여 실험보고서(연구보고서)를 완성하는 것이다.

1) 실험 관찰을 정확히 하여 데이터를 기록한다

실험보고서를 작성하기 위해서는 자신의 실습에 열중하여야 하며 실습 중 일어나는 모든 변화는 그때그때 노트에 기록해 두어야 한다. 훌륭한 보고서를 만들기 위해서는 무엇보다도 자기가 얻은 실험데이터를 상세하게 기록해 둘 필요가 있다. 실험에서 실제로 사용한 시약과 기재에 관한 것은 물론 실험 중에 면밀하게 관찰한 현상을 빠짐없이 구체적으로 기록하여야 한다. 그 뿐만 아니라 표준용액의 농도, 용액의 묽힘 과정 및 착오도 기록해 둔다. 자기 자신의 기억력을 믿고 자료의 기록을 소홀히 해서는 안 된다. 상세한 실험자료는 내용이 충실한 실험보고서를 작성하는 데 필요할 뿐 아니라 앞으로 같은 실험을 하려고 할 때 귀중한 참고자료로 사용될 수 있다.

2) 실험자료의 정리

한 실험이 끝난 다음에는 그 실험 자료를 정리하고 아울러 그 타당성 여부를 검토한다. 정량실험의 자료는 필요에 따라 표나 도표를 만들어서 정리할 수 있다. 만일 실험 자료가 타당하지 않거나 그 정확도에 의심스러운 데가 있으면 그 원인을 분석한 후 실험을 다시 해야 한다.

3) 실험보고서의 작성

실험보고서의 작성은 앞으로 졸업논문이나 학위논문 또는 연구논물을 쓰기 위한 기초훈련으로써 큰 의의가 있다고 하겠다. 실험보고서는 어디까지나 자기 자신이 얻은 실험자료에 기초를 둔 객관성을 지닌 기록이어야 하며 실험교재나 참고서적의 내용을 그대로 옮겨 쓰지 말아야 한다.

형식

실험보고서 용지에 실험명(제목), 이름 및 날짜 등을 기입하고 그 아래에 자기가 실제로 사용한 실험재료와 실험방법의 골자와 얻은 결과를 기록한다. 표나 도표에는 반드시 제목을 기록하고 농도는 0.0052M 대신 5.2×10^{-3}M과 같이 표시하도록 한다. 그리고 보고서 맨 끝에 결론과 고찰을 적는다.

보고서 문제

실험보고서는 말하자면 일종의 연구논문이라고 할 수 있기 때문에, 그 문제는 간결하고 논리적이어야 한다. 실험보고서를 아름다운 문장으로 엮을 필요는 없다. 필요없는 말이나 뜻이 애매하여 오해를 일으키기 쉬운 말을 쓰는 것은 삼가야 한다. 또 그 부분을 과거형으로 표현한다.

보고서 내용

무엇보다도 구체적이고 정확해야 한다. 이를테면 '이 알칼리성 용액에 황산을 조금 넣었더니 노란색 침전이 생겼다.'와 같은 문장은 매우 막연하며 정확하지 못하다. 여기에는 황산의 농도와 양, 침전이 생기는 조건(용액의 pH, 온도)과 과정 그리고 침전의 겉모양 등이 언급되어 있지 않기 때문이다.

또 한 예를 들면, '어떤 식물로부터 무기물 성분을 추출하였다, 추출한 성분은…', 이 경우에는 마땅히 실험식물 종(species), 무게, 추출된 성분의 농도, 등에 대해 정확하게 구체적으로 언급해야 할 것이다. 이러한 자료는 이 실험식물을 써서 얻은 실험결과를 해석하는 데 매우 큰 의의를 가지고 있기 때문이다.

실험보고서 형식은 다음과 같은 형태로 복사하여 파일로 만들어 실험이 끝난 후에 제출한다(16쪽의 실험보고서 포맷 참조).

실험보고서

실험일시 : ○○○○년 ○○월 ○○일 ○○교시 실험장소 :
담당교수 :
실 험 자 : ________조 ________대학 ________학과 ________학년
학번 ______________ 이름 : ______________
실험 명(Title) : 영문이나 국문으로 작성

1. 요약(Abstract) : 한글 또는 영문

실험 내용 중에 핵심 부분이라 할 수 있고 실험을 통하여 얻은 결과에 대한 중요한 부분들을 요약하여 1개 정도의 단락으로 엮는다.

2. 서론(Introduction) :

실험에 대한 배경 및 실험을 하게 된 동기 및 국내외의 우리가 하고 있는 실험에 대한 현재의 방향이나 보고된 연구결과들에 대하여 체계적으로 서술한다.

3. 실험재료 및 방법(Experimental Materials and Methods)

실험재료(Materials) :

실험에서 사용한 생물적 재료나 시료 등 그리고 구입한 장소나 생명체를 사육 또는 재배한 장소들을 자세히 기록한다.

실험방법(Methods) :

실험 내용도 테마별로 나누어 2개 또는 3개의 테마로 나누어 서술하면 읽는 사람들이 이해하기 쉽다. 실험 내용은 자세히 서술하여야 하며, 기기명과 모델명들도 실험 방법들을 작성할 때 사이사이에 설명과 함께 기입한다.

4. **결론**(Conclusions) :

실험에서 얻은 결과를 2~3개의 테마로 나누어 중요한 점들을 체계적으로 기록한다.

5. **고찰**(Discussion) :

다른 사람들이 실험한 비슷한 결과들과 자신의 실험 결과를 비교하여 서술하고, 실험 중에 특별히 관찰한 부분들을 기록한다. 그리고 본 실험의 잠재적인 가능성과 미래의 방향성을 제시하여 기록한다.

6. **참고문헌**(References) :

실험보고서를 작성하기 위하여 인용한 논문이나 책을 알파벳(Alphabet) 순서대로 기입한다.

7. **질문문제 풀이** :

각 실험 끝에 있는 '질문'에 대한 탐구내용이나 본인의 아이디어를 체계적으로 서술하고 아래에는 참고자료를 기록한다.

1장

생화학 실험의 기본방법

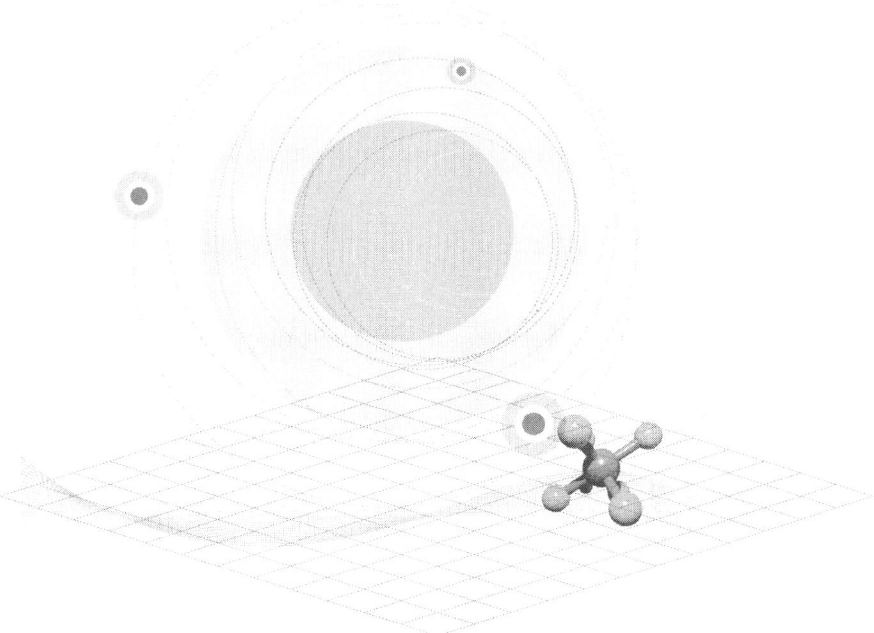

실험 1. 완충용액의 제조와 pH 측정

1. 실험의 목적

완충용액을 만들어 pH를 측정하고 적정곡선을 그려본다.

2. 실험의 원리

생명체는 여섯 종류의 중요 원소들인 탄소, 수소, 산소, 질소, 황 및 인으로 이루어져 있다. 이 중에서 수소와 산소로 이루어진 물은 세포 성분의 대부분을 차지한다. 생명체 내에서는 액체 상태에서 생화학적 반응이 일어나므로, 물의 이온화 과정에서 일어나는 여러 성질들을 관찰하여 생화학 메커니즘을 이해한다.

물의 이온화와 pH의 정의

대부분의 용액에서 수소 이온농도는 매우 낮다. 수소 이온농도를 나타내는 편리한 방법으로 pH라는 말을 처음으로 사용하였다. pH는 엄밀하게 말하면 수소 이온 활동도(hydrogen ion activity)의 대수(logarithm)에 마이너스 부호를 붙인 것이라고 정의할 수 있다. 전도도의 측정으로부터 물은 아주 미량이 이온화되어 있음을 알 수 있다. 25℃에서의 수소 이온농도는 10^{-7}mol/L이며 물의 이온식은 다음과 같다.

$$H_2O \rightleftarrows H^+ + OH^-$$

물의 이온화에 대한 평상상수(K)는 다음과 같이 나타낸다.

$$K = \frac{[H^+][OH^-]}{[H_2O]}$$

물의 농도$[H_2O]$는 사실상 일정하므로

$$kw = [H^+][OH^-]$$

로 나타낸다. 25℃에서의 물의 이온곱(ionic product) kw는 10^{-14}이므로 25℃에서 순수한 물의 pH는 7이다.

$$[H^+] = [OH^-] = 10^{-7}$$

$$pH = -\log[H^+] = 7$$

pH 측정을 위한 지시약

지시약은 그 자신이 한가지의 약한 산으로 해리한다. 지시약은 용액의 pH에 의하여 색깔이 변하는 성질을 갖는 천연 또는 합성의 유기화합물이다. 지시약은 IH로 표시하며 용액 중에서 다음과 같이 이온화한다.

$$IH = I^- + H^+$$

위 식을 Henderson-Hasselbalch식에 적용하면 다음과 같다.

$$pH = pK_{in} + \log_{10}\frac{[I^-]}{[IH]}$$

지시약의 두 가지형(IH, I^-)은 각각 다른 색깔을 띠며, 위 식으로부터 알 수 있는 바와 같이 실제 용액의 색깔은 pK_{in}과 pH에 의하여 결정된다. 색깔이 가장 크게 변화하는 것은 pK_{in} 부근의 pH로, 지시약이 제일 유효한 것은 이 영역이다. pH 6 부근의 용액인 경우, pK_{in}이 6.2의 bromocresol purple을 지시약으로 쓰는 것이 가장 좋다. 그러나 색깔의 변화는 상당히 넓은 범위에서 일어나기 때문에 지시약으로서는 pH의 대략의 값만을 알 수 있다. 특히 주의하여야 할 것은 조사하려고 하는 용액에 넣는 지시약의 양은 될 수 있는 한 적게 사용하는 것이 좋다. 그렇지 않으면 시험용액의 산-염기 평형이 이동하여 pH가 변하는 경우가 있다. 지시약은 pH를 측정하기 위해기서라기 보다는 오히려 적정의 종말점(end point)을 결정하기 위해서 쓰는 편이 유효하다. 아세트산을 수산화나트륨으로 적정하는 경우, pH 9 부근에서 산이 완전히 염으로 바뀐다. 따라서, 이것의 지시약으로서는 phenolhthalein용액을 선택하는 것이 좋다. 마찬가지로, 암모니아를 염산으로 적정하는 경우, 종말점은 약 pH 5이므로, methyl red를 쓰는 것이 좋다.

Henderson-Hasselbalch식

약산은 용액 중에서 조금 밖에 이온화되지 않으며, 산과 짝염기 사이에는 평형이 성립된다. HA가 약산인 경우에는 아래와 같이 이온화한다.

$$HA \rightleftarrows H^+ + A^-$$

질량작용의 법칙에 의하면 산 이온화상수 K_a는 다음과 같이 정의된다.

$$K_a = \frac{[H^+][A^-]}{[HA]}$$

바꾸어 보면

$$[H^+] = \frac{[K_a][HA]}{[A^-]}$$

−log를 취하고

$$-\log_{10}[H^+] = -\log_{10}K_a + -\log_{10}\frac{[HA]}{[A^-]}$$

아래와 같은 식이 된다.

$$pH = pK_a + \log_{10}\frac{[A^-]}{[HA]}$$

위의 식은 또 다음과 같이 된다.

$$pH = pK_a + \log_{10}\frac{[\text{짝염기}]}{[\text{산}]}$$

강산

수소 이온과 짝염기(conjugate base)로 완전히 이온화하는 화합물을 강산이라 한다. 이 화합물의 수소 이온농도는 산의 농도와 같다. 따라서 강산용액의 pH는 쉽게 계산된다.

(a) 0.01mol/L HCl, $pH = -\log10(10^{-2}) = 2$;

(b) 0.1mol/L HCl, $pH = -\log10(10^{-2}) = 1$;

(c) 0.01mol/L NaOH, $[H^+] = \frac{K_w \times 10^{14}}{[OH^-]10^{-2}} = 10^{-12}$

$$pH = -\log10(10^{-12}) = 12$$

적정곡선

강염기를 산 용액과 혼합하여 pH를 측정할 때 가해준 염기를 가로축으로, pH를 세로축으로 하여 측정값을 plot하면 적정곡선이 얻어진다. 염산 이외의 강산은 모두 같은 모양을 하고 있다. 비슷한 곡선이 염기를 강산으로 적정할 때도 얻어진다. 강산에 염기를 가하는 경우는 완전히 중화하기까지는 강산에 염기를 가해도 pH의 값은 조금밖에 변하지 않지만, 조금이라도 염기를 과하게 넣으면 pH는 크게 증가한다. 결과적으로, 강산은 pH의 변화에 저항을 나타내며 완충용액으로서 작용한다.

약산 또는 약염기, 강염기 또는 강산에 의한 적정곡선은 모두 같은 모양을 하고 있다. 이것들은 같이 완충용액이 되어 pH 변화가 Henderson-Hasselbalch의 식에 따라 변화하기 때문이다. pk_a의 값은 산에 따라 다르지만 곡선 전체의 모양은 어느 산의 경우도 같다.

완충용액

완충용액은 산 또는 알칼리를 가할 때 pH의 변화를 억제하는 것이다. 이와 같은 용액은 pH를 엄밀히 통제하지 않으면 안 되는 많은 생화학 실험에 많이 사용된다. Henderson-Hasselbalch식으로부터 완충용액의 pH는 다음 두 가지 요인에 의존하고 있음을 알 수 있다. 하나는 pk_a 값이고 또 하나는 염과 산의 비이다. pH 4~10의 범위에서는 수소 이온농도와 수산 이온농도가 대단히 낮아 무시되는데 이 비는 혼합된 염과 산의 양에 대한 비와 같다. 아세트산과 아세트산나트륨을 혼합하여 된 아세트산 완충용액을 보기를 들어보면,

$$CH_3COOH \rightleftarrows CH_3COO^- + H^+$$
$$CH_3COONa \rightleftarrows CH_3COO^- + Na^+$$

아세트산은 조금 밖에 이온화하지 않기 때문에 아세트산의 농도는 처음 넣은 아세트산의 농도와 거의 같다. 또 아세트산나트륨은 완전히 이온화되므로 아세트산이온의 농도는 혼합된 아세트산나트륨의 농도와 같다고 할 수 있다.

보기 0.1mol/L의 아세트산나트륨 5ml와 0.1mol/L의 아세트산 4ml를 혼합시킨 액의 pH는 다음과 같다.

CH_3COO^-의 농도 $= 5/9 \times 0.1$mol/L

CH_3COOH의 농도 $= 4/9 \times 0.1$mol/L

25℃에서 아세트산의 $pk_a = 4.76$

그럼으로, $pH = 4.76 + \log 5/4$

$= 4.76 + (+0.097)$

$= 4.86$

실험실에서 일반적으로 쓰이는 몇 개의 완충용액을 표 1-1에 표시하였다.

표 1-1. 생화학에서 일반적으로 사용되는 완충용액

산 또는 염기	pk_a	pk_a	pk_a
Phosphoric acid	2.1	7.2	12.3
Citric acid	3.1	4.8	5.4
Carbonic acid	6.4	10.3	–
Glycil glycine	3.1	8.1	–
Acetic acid	4.8	–	–
Barbituric acid	3.4	–	–
Tris*	8.3	–	–
HEPES	7.6	–	–

pH meter의 사용

1. pH를 측정하기 전에 용액을 충분히 교반하여야 한다. 또 자석젓개(magnetic stirring rod)는 약한 유리전극을 깨기 때문에 사용하지 않는 것이 좋다.
2. 전극은 사용 전후에 증류수로 닦아야 하며, 손을 대면 안 된다. 특히 생체고분자 용액의 pH를 측정한 후에는 충분히 닦을 필요가 있다. 그렇게 하지 않으면 고분자가 유리에 부착되어 pH 측정에 지장을 초래하게 된다.
3. 사용하지 않을 때의 pH meter는 눈금판의 switch를 끊어 0으로 하여야 하며, main switch는 켜 둔다. 사용 후의 전극은 증류수에 담가 두어야 한다.

pk_a 값의 결정

pk_a 값을 적정의 data로부터 구하는 방법은 세 가지가 있다. 첫째, 적정곡선의 변곡점

(point of inflection)의 pH가 pk_a 값이다. 이것은 직접 읽을 수가 있다. 둘째, pk_a 값이라고 하는 것은 산이 반(half) 정도 적정되었을 때의 pH 값과 같다. 그러므로 적정의 종말점(end point of titration)을 알면 pk_a 값을 얻을 수 있다. 셋째, 염/산의 비는 실험 data로부터 계산할 수 있는데, 이것으로부터 log(염/산)의 pH에 대한 그래프를 그릴 수가 있다. 즉, 횡축과의 교차점이 pk_a 값이다.

3. 실험재료 및 방법

재료

(1) 시료 : Citric acid, Potassium hydroxide, 0.1M K_2HPO_4, KH_2PO_4, 브로모 티몰 블루 지시약, 염화암모늄, 미지시료, 증류수.

(2) 기구 : 뷰렛(25ml), pH meter.

방법

(1) 완충용액으로서 citric acid-potassium citrate의 혼합액을 만든다.

(2) 0.2M citric acid 100ml를 만들어 20ml를 100ml의 비커에 넣는다.

(3) 0.2M Potassium hydroxide를 만들고 뷰렛에 넣어 적정한다(A시료). 그리고 10ml만 취하여 브로모 티몰 블루 소량으로 적정하여 색을 관찰한다.

(4) pH를 기록하고 적정곡선을 그린다.

(5) 시험관 5개를 준비하고 시험관 1에는 A시약, 시험관 2에는 0.2M Citric acid 용액, 시험관 3에는 0.1M 염화암모늄용액, 시험관 4에는 미지시료(X), 시험관 5에는 증류수를 각각 10ml씩 취한 후, 브로모 티몰 블루를 떨어뜨려 색을 비교하고 pH를 측정한다.

(6) 생화학 실험에서 자주 사용하는 여러 가지 조성의 인산완충용액(Maniatis, Molecular cloning)을 만들어 브로모 티몰 블루 지시약으로 적정하여 색의 변화를 관찰하여 pH를 추정하여 보고, (5)의 실험결과와 비교하여 본다.

(7) 표준 인산완충용액 중 2개(pH 4.0과 8.0)를 택하여 염기나 산으로 적정하였을 때

완충용액으로서의 pH범위를 잘 유지하는지 비교하여 본다.

4. 질문

(1) 아세트산 완충용액은 어떻게 만들 수 있는지 생각해 보시오. 그리고 아세트산 완충용액의 pH는 어떻게 알 수 있는지 설명하여 보시오.

5. 참고문헌

(1) Bates, R. G., Determination of pH : theory and practice 2ed. 1973, John Wiley and Sons.

(2) Sambrook, Fritsch, Maniatis, Molecular cloning, 2ed, 1989, Cold spring harbor laboratory.

실험 2. Chromatography-흡착 Column 크로마토그래피

1. 실험의 목적

탄산칼슘을 이용하여 식물로부터 색소를 분리하여 본다.

2. 실험의 원리

생체를 구성하고 있는 분자들을 서로 분리한다는 것은 생화학 연구에 매우 중요한 부분을 차지하고 있다. 따라서 서로 비슷한 성질을 갖는 화합물의 혼합물로부터 한 종류의 분자만을 분리해야 할 경우에는 크로마토그래피를 이용하여 물질을 분리한다. 크로마토그래피에는 분리하고자 하는 시료혼합물, 고체상(solid phase), 용매 등 세 가지 성분의 상호작용에 의한 차이점을 이용하는 원리이다. 크로마토그래피의 종류는 다양하지만, 본 실험에서는 일반적인 column chromatography, 흡착 column chromatography, 이온교환 크로마토그래피, 종이 크로마토그래피를 공부하고, 얇은 막 크로마토그래피는 실험 3에서 다룰 것이다.

Column chromatography

column 크로마토그래피에 의한 화합물의 분리는 아마도 생화학 실험에 있어서 가장 널리 사용되고 있는 방법 중의 하나일 것이다. 크로마토그래피용 column은 일반적으로 유리로 만든 것이 사용되며, column의 길이가 길수록 성분의 분리가 좋지만, 다량의 물질을 분리할 때는 직경이 큰 것이 좋다. 크로마토그래피용 column에 칼럼 물질을 채우기 위해서는 우선 적당한 비이커에 칼럼 물질을 넣은 후, 용매를 약 1/3 정도 넣어 유리막대 또는 자루가 긴 스텐리스 스푼으로 잘 섞은 후, column의 내벽을 따라 집어넣는다. 이때 column 내부에 기포가 생기지 않도록 주의해야 하고 만약 기포가 생겼을 때에는 기포를 제거하여야 한다. 다음 단계로 column에 용매를 넣어 당분간 흘러 보낸다. 마지막으로 칼럼의 표면이 울퉁불퉁하지 않도록 평평하게 수면을 만든다. 그 다음 파이펫으로 시료를 표면 전체에 일정하게 퍼지도록 주입한다. 시료가 완전히 column 속으로 스며들어 들어간 후에 분리에 알맞은 용매를 사용하여 시료 중의 각 성분이 순서대로 흘러나오도록 흐름을 관찰한다. Column에서 분리되어 나오는 용액을 수동 혹은 자동 fraction collector를 사용해서 적당한 부피로 일정하게 모은다. 분리되어 나온 화합물에 단백질 또는 핵산이 들어있는 경우에는 분광기(spectrophotometer)를 사용하여 280nm 혹은 260nm에서 흡광도를 측정한다.

흡착 크로마토그래피

흡착 크로마토그래피는 가장 오래 전에 사용됐던 크로마토그래피로서, 1903년에 처음으로 러시아 식물학자인 Tswett가 식물색소의 분리에 사용했던 방법이다. 그 후 수년간 거의 사용되지 않다가 Kuhn과 Lederer가 카로틴과 크산토필을 분리 정제한 후에 다시 사용하게 되었다. 화합물을 column에 흡착시키면 column에 결합하고 있는 분자와 용액 내의 유리분자들 사이에 평행이 이루어지게 된다.

이온교환 크로마토그래피

Adams와 Holmes는 1935년 처음으로 이온교환성 물질을 합성했는데, 이는 phenol과 sulfonic acid 및 formaldehyde를 축합시켜 만든 불용성 수지이다. 그래서 일반적으로 이온교환 크로마토그래피는 주위의 용매이온과 교환이 가능한 떨어지기 쉬운 이온을 함유한 불용성 골격 물질(insoluble matrix)을 사용하여 화합물을 분리한다. 그 후 이 밖에도 여러 종류의 수지(대부분이 방향족 화합물로 만들어졌음)가 만들어졌다. 이것은 적당한 화학반응에 의해서 방향고리에 이온기(ionizable groups)를 도입하여 만든다. divinyl benzene과 styrene의 상대량에 의해서 polystyrene 사슬 사이의 가교(cross-linking)의 정도를 조절할 수 있다. 모든 교환수지는 물과 접하게 되면 팽윤되어 사슬 사이의 가교의 정도가 많아지게 되고, 이 가교의 정도를 미묘하게 조절함으로써 분리하고자 하는 분자들에 대하여 거르는 효과를 만들어낼 수 있다. 이온교환수지는 아미노산과 같은 작은 분자들을 분리하는 데 가장 이상적이지만 단백질과 같은 대분자 물질에 대해서는 적당치 않다. 왜냐하면, 대분자들은 수지의 밀집된 가교구조 사이에 끼어들어 갈 수 없다.

따라서 고분자 물질을 분리하고자 할 때에는 치환기를 붙인 cellulose 및 dextran이 사용된다. 이 물질들은 섬유상으로 그 관능기의 대부분이 표면에 존재하고 있다.

이온교환 cellulose는 polymer의 -OH기에 치환된 약 이온기를 가지고 있다. 치환기가 너무 많아지면 cellulose가 가용성이 되므로 그 밀도는 낮아지게 된다. 약 이온기를 저밀도로 가지고 있는 물질은 분자량이 큰 물질과 약하게 결합되어 있어 온화한 조건에서도 쉽게 분리되어 나올 수 있으므로 사용에 편리하다. 이온 결합의 정도는 수지의 성질 및 온도, 이온강도, 용매의 조성에 의존한다. 약 이온성 수지의 경우, 이온결합은 수지 및 분리하고자 하는 물질의 이온화 정도에 영향을 받는다. 약산과 약염기는 약 이온교환수지와 불안정한 염을 형성하고, 강산성 및 강염기성 수지와는 안정한 염을 형성한다.

종이 크로마토그래피

종이의 형태를 한 cellulose는 cellulose섬유 사이에 물이 흡착되어 고정된 친수성의 상을 띠고 있는 이상적인 지지매체이다. 여지를 지지 상으로 활용하는 방법은 1941년에 Consden, Gordon 및 Mortin 등에 의해서 알려진 뒤 많은 논문과 자료가 보고되었다. 종이 크로마토그래피의 원리는 Whatman No 1. 여지를 가장 많이 사용하며 방법은 간단하다. 이것은 시료 액을 여지 위에 적정하여 건조시킨 다음, 이 여지에 용매가 일정한 방향으로 스며들어 올라가도록 크로마토그래피 종이를 전개시킨다. 용매가 스며들어 올라간 끝을 표시해 두고 여지를 건조시킨 다음 적당한 정색반응을 시켜 분리된 화합물의 위치가 나타나도록 한다. 화합물의 이동한 거리와 용매가 이동한 거리의 비를 R_f 값이라 한다. R_f 값은 용질의 농도 및 온도, pH 등이 같으면 거의 일정하다. 이 방법에서 주의해야 할 사항은 생체물질에 대한 실험을 실시하는 경우에는 시료를 투석 등으로 탈염시켜야 한다. 염이 과잉으로 존재하게 되면 spot이 퍼져나가므로 R_f 값이 변해 버릴 수 있기 때문이다. 전개방식은 장치에 붙어 있는 한 장의 종이로 되어 있고 그 한쪽 끝은 용매를 넣은 탱크나 비커에 담아 있도록 한다. 상승식 크로마토그래피는 실린더에 종이를 말아 고정시킨 다음 용매 중에 세워 둔다. 이것의 전개는 일정한 증기압을 유지하도록 밀폐된 탱크에 넣어 실시한다. 하강식 크로마토그래피는 용매가 종이의 앞 끝에서부터 밑으로 스며들어 들어가기 때문에 분리의 폭이 넓어 R_f 값이 유사한 화합물의 분리에 적합하다. 당류를 분리하는 경우는 포도당과 같은 표준화합물을 참조하여 비교할 수 있다.

$$R_f = \frac{\text{화합물 } \chi\text{의 이동거리}}{\text{포도당의 이동거리}}$$

상승식 크로마토그래피 쪽이 보다 자주 사용되며, 이차원(two dimension)의 분리가 가능한 장점이 있다. 우선 혼합물을 제 1의 용매로 분리한다. 이 경우 사용되는 용매가 휘발성이어야 한다. 건조시킨 다음 이를 90° 회전시켜 제 2의 용매 중에서 다시 전개시켜 분리한다. Spot의 위치가 정해지면 나타난 spot을 표시하여 동일한 조건에서 알려진 화합물을 전개시켜 나타난 spot의 위치와 비교하여 화합물을 동정할 수 있다. spot을 검출할 때에는 대부분의 화합물은 무색이지만, 어떤 물질들은 특이적인 시약에 의해서 발색된다. 빛을 강하게 흡수하는 화합물은 종이가 형광성인 경우, 검은색 spot를 나타내므로 자외선 아래에서 쉽게 검출할 수 있다.

3. 실험재료 및 방법

재료

(1) 시료 : 시금치(Spinach), 당근(Carrot), 호박(Pumpkin), 아세톤, 에탄올, 증류수.

(2) 기기 : 분필 3개, 막자사발, gauze, 원심분리기, 비커.

방법

(1) 10g의 시료(시금치, 당근, 호박)를 잘게 썰어 막자사발에 넣고 잘게 갈아준다.

(2) 잘게 갈은 시료를 아세톤과 에탄올 혼합(2 : 1) 유기용매 10ml를 넣고 잘 섞어 준 다음 거즈를 사용하여 여과액을 얻는다.

(3) 얻은 여과액은 찌꺼기를 제거하기 위하여 한 번 더 여과기를 이용하여 여과하거나 10,000rpm에서 10분간 원심분리하여 준다.

(4) 여과액을 1/2 부피가 되도록 후드에서 증발 농축시킨다.

(5) 증발 농축된 색소액을 50ml의 비커에 5ml씩 넣고 비커 한 가운데에 하얀 분필을

1개씩 꽂아둔다.

(6) 여과액이 모세관현상에 의해서 탄산칼슘으로 이루어진 분필을 타고 올라가는 것을 관찰한다.

(7) 15분 간격으로 나타난 색소의 띠를 보고 각 색깔에 대한 색소를 추정하여 본다. 클로로필은 녹색, 크산토필은 황색, 카로틴은 붉은색을 약간 띤 누런색이다.

4. 질문

(1) Column으로 분리한 각 색소의 특성과 이들은 생명체에서 어떤 기능들을 갖고 있는지 설명하여 보시오.

5. 참고문헌

(1) Determan, H, gel chromatography, 1969, Springer-verlag.

(2) Morris, C. and Morris, P. Separation method in Biochemistry, 1963, Pitman.

실험 3. 크로마토그래피–Thin Layer Chromatography(TLC)

1. 실험의 목적

얇은 막 크로마토그래피(TLC)를 이용하여 당을 분리하여 본다.

2. 실험의 원리

1938년 Izmailov와 Schraiber는 식물에서 추출한 추출물을 알루미나로 만든 TLC plate를 사용하여 분리하였다고 보고하였다. TLC plate를 조제할 수 있는 장치가 시판하게 된 것은 그 후 20년이 지난 뒤였다. 최근에는 조제하는 쪽보다 상업적으로 구입하여 보편적으로 많이 사용하고 있다. TLC를 이용하여 화합물을 분리하는 것은 대체로 종이 크로마토그래피 방법과 유사하지만 TLC의 장점은 여러 시료들을 넣어 spot를 쉽게 분리할 수 있다. 또한 이 방법은 짧은 시간 내(대체로 1시간 내로)로 실시할 수 있으며, 소량으로도 각 물질의 검출이 가능하다. 어떤 TLC의 경우는 분리된 화합물을 검출하는 데 부식성 시약을 분무할 수 있고, 고온에서 가열할 수 있다는 점이 종이 크로마토그래피와는 다른 점이다. 전개 시에 전개통 내의 증기는 반드시 전개통 내의 용매로 분리 15분 전에 용매를 넣어 포화시켜야만 한다. 그렇게 하지 않으면 R_f 값이 전개통에 따라 차이를 나타낼 뿐만 아니라 분리도 좋지 않다. 따라서 전개통 내에 용매에 적신 여지를 내벽(삼면)에 붙여두면 좋다. 전개는 보통 상승식을 택한다.

3. 실험재료 및 방법

재료

(1) 시료 : 과일 주스(사과, 포도) 용매(ethyl acetate : isopropanol : water : pyridine, 26 :

14 : 7 : 2), 에탄올, 나프탈렌 1,3-디올, 진한 황산, 디페닐 아민.

(2) 기기 : 원심분리기, 100~150℃ 오븐, 파이펫 팁, TLC판, TLC 전개통.

방법

(1) 시험관 4개를 준비하여 시험관 1에는 포도주스, 2에는 사과 주스시료, 시험관 3에는 표준용액인 글루코오스 용액, 시험관 4에는 물을 각각 1ml씩 취하고, 각각에 3ml의 ethanol을 넣고 원심분리시킨다.

(2) 원심분리 후 상등액을 다른 시험관에 옮기고 침전물은 버린다.

(3) 4개의 시험관의 시료를 파이펫 팁을 사용하여 TLC판의 하부의 2cm에서 연필로 표시한 후 점적한다.

(4) 점적을 하는 동안 15분 정도 전개용매 100ml를 TLC 전개통에 넣어서 포화시키고, 점적이 끝난 TLC판을 전개통에 넣어 테이프로 전개통의 한 면과 고정시킨 후 1시간 정도 전개시키면 전개용매가 TLC판 상단 가까이까지 스며들어 올라오게 되는데, 이 때 꺼내어 실온에서 건조시킨다.

(5) 검출시약을 분무하기 위하여 검출시약은 나프탈렌-1,3-디올 0.2g을 100ml의 에탄올에 녹인 후, 디페닐아민 0.4g을 녹인다(A용액). 사용하기 직전에 A용액 9ml에 진한 황산 40ml를 조심스레 넣고, 잘 섞은 후드에서 TLC판을 분무한 후 100~150℃ 오븐에서 5분간 가열한다.

(6) 검출된 색깔이 나타나면 색깔과 R_f 값으로부터 과일 주스에 들어 있는 당을 동정한다. 이 실험에서 사용한 검출시약은 알도오스, 요산, 케토오스, 디옥시당, 글리코사이드, 올리고당에 해당된다. 알도오스는 파랑색 또는 보라색을 나타내고 케토오스는 분홍색 또는 붉은색을, 요산은 독특한 파란색을 나타낸다.

4. 질문

(1) 주스 대신 곡류로부터 당을 분리하려면 어떠한 방법으로 실험을 디자인하여 당류를 분리할 수 있는지 설명하여 보시오.

5. 참고문헌

(1) Smith, I., and Feinberg, J. G., paper and thin layer chromatography and electrophoresis, 2nd ed. 1973, Longmans.

(2) Stahl, E., Thin layer chromatography : A laboratory handbook, 2nd ed, 1969, Logmans.

실험 4. 전기영동(Electrophoresis)

1. 실험의 목적

생체조직으로부터 추출한 단백질을 Polyacrylamid Gel Electrophoresis(PAGE)를 이용하여 단백질을 분리하고 단백질의 크기를 측정한다.

2. 실험의 원리

Polyacrylamide

Acrylamide($CH_2CH.CO.NH_2$)에 소량의 가교제(cross linking reagent), methylenbisacrylamide[($CH_2CH.CO.NH_2$).CH_2] 및 촉매제, ammonium persulfate를 넣고 중합시켜 gel을 만든다. 중합개시 및 조절을 위해 tetramethylethylene diamine(TEMED)을 넣는다. 고무마개를 씌운 작은 유리관을 통해 gel 혼합물을 넣어 자연 중합시킨다. 표면을 편평하게 하여 중합을 방해하는 산소를 차단시키기 위하여 gel 혼합물 위에 수분 층을 만들어 둔다. gel의 미세한 구멍의 크기는 acrylamide(monomer의 역할제)의 농도를 바꿈으로서 조절할 수 있다. 단백질을 7.5%의 acrylamide로 쉽게 분리되지만, 핵산과 같은 거대분자 물질에 대해서는 2.5%의 acrylamide가 필요하다. 그리고 polyacrylamide는 최근에 전기영동에 이용하게 된 물질이다. Polyacrylamide는 투명한 점, 가시광선 및 자외선 밑에서도 검출할 수 있다는 점에서 전분 gel보다 우수한 점을 가지고 있다. 더욱이 복잡한 혼합물을 서로 세밀하게 분리할 수 있으며, 미세한 구멍의 크기도 조절할 수 있다. 따라서 전하, 분자의 크기 및 형태에 따라서 혼합물을 분리할 수 있다.

3. 실험재료 및 방법

재료

(1) 시료 : 전기영동 완충용액(Tris-Glycine 용액/L, pH 8.3) : 25mM Tris(Hydroxymethyl) aminomethane, 250mM Glycine, 0.1% SDS(10% SDS stock 용액 사용), 1.5M Tris (pH 8.8), 1.0M Tris(pH 6.8), 30% acrylamide 용액(29g의 acrylamide와 1g의 Bis(N, N'-methylene bis acrylamide/100mL). 10% SDS, 10% 과황산암모늄용액 (Ammonium persulfate), TEMED, 시료변성완충용액-50mM Tris(pH 6.8), 100mM mercaptoethanol, 2% SDS, 0.1% Bromopheno blue, 10% glycerol, 미지 단백질, 대조구로 알려진 표준 단백질. Coomassie blues.

(2) 기기 : 단백질 전기영동장치, Power supply, Rocker, Pyrex glass plates.

방법

(1) 두 유리판 사이에 스페이서(spacer)를 넣고 유리판 아래는 테이프로 공간을 잘 막아서 조심스레 위로부터 5~6cm 정도를 남겨놓고, 10% polyacrylamide 겔 성분을 글라스 파이펫으로 넣는다. 겔을 넣은 후에 겔 위의 공간에 증류수를 넣어 겔 끝이 마르지 않도록 한다. 30분 정도 굳기를 기다린다.

10% polyactylamide gel : 30ml 만들기 – 30% acrylamide 10ml, 1.5M Tris(pH 8.8) 7.5ml, 10% SDS 300ul, 10% ammonium persulfate 300ul, TEMED 12ul, 물 11.9ml.

(2) 10% acrylamide gel의 상층부에 있는 물을 없애고, 5%의 stacking gel을 만들어서 겔 위에 붓고 적당한 크기의 콤(comb)을 꽂는다.

10ml의 5% stacking gel : 30% acrylamide 1.7ml, 1.9M Tris(pH 6.8) 1.25ml, 10% SDS 100ul, 10% ammonium persulfate 100ul, TEMED 10ul.

(3) gel이 마를 때까지 분리하고자 하는 미지의 단백질 시료(이미 분리해 놓은 단백질을 나누어 줌)를 분자량을 알고 있는 표준 단백질과 함께 준비하기 위하여 시료와 표준 단백질에 SDS-loading buffer를 넣어 3분 동안 100℃에서 단백질을 변성시킨 후 얼음 위에 놓아둔다.

SDS gel-loading buffer : 50mM Tris.Cl(pH 6.8), 100mM dithiothreitol, 2% SDS,

0.1% bromophenol blue, 10% glycerol.

(4) Polymerization이 끝난 후, gel로부터 comb을 뺀 후 전기영동 buffer가 들어 있는 reservoir 속에 넣고 주사기에 buffer를 넣어, comb 사이에 중합되지 못한 acrylamide를 제거하여 준다.

Tris-glycine-전기영동 buffer(5×stock 저장 가능) :

1×buffer : 25mM Tris, 250mM glycine, 0.1% SDS.

(5) 모든 것이 준비되면 표준단백질부터 먼저 loading하고, 그 다음 미지의 단백질 시료를 순서대로 loading한다.

(6) power supply를 연결하여 8v/cm 속도로 이동하도록 하고, dye가 2cm 가량 남았을 때 전기장치를 끝내고 gel를 꺼내, stacking gel은 잘라내고 staining 용액에 4~8시간 동안 담근 후 흔들어 준다.

Staining 용액 : 0.25g의 Coomassie blue R-250을 40ml의 증류수에 녹이고 50ml의 메탄올, 10ml의 아세트산.

(7) staining 후 destaining 용액에 담구어 단백질 밴드가 잘 보일 때까지 용액을 갈아주면서 destaining한다.

deataining solution : 30% methanol, 10% acetic acid.

(8) destaining 후 gel을 물에 그냥 담구어서 냉장 보관하거나 영구히 보관하기 위하여 gel drying machine에 3MM filter paper를 gel 밑에 깐 후, 2시간 정도 완전히 마를 때까지 건조하여 책 사이에 넣어 보관하거나 사진으로 현상하여 둔다.

4. 질문

(1) 단백질을 분리하는 실험에서 요구되는 많은 용액들이 SDS(sodium dodesyl sulfate)를 많이 포함하는데 이 물질은 어떤 작용을 하는지 설명하여 보시오.

5. 참고문헌

(1) Sambrook, Fritsch, Maniatis, Molecular cloning, 2ed, 1989, Cold spring harbor laboratory.

실험 5. 비색계를 이용한 화합물의 정량

1. 실험의 목적

두 가지 색소의 혼합액으로부터 화합물을 분석한다.

2. 실험의 원리

비색정량법

비색정량법은 어떤 빛이 색깔을 띤 용액을 통과할 때 어떤 특정 범위의 파장의 빛이 다른 파장의 빛보다 많이 흡수되는 성질을 이용한 것이다. 많은 화합물은 그 자신이 색을 띠지 않으나 적당한 시약과 반응시키면 착색이 되고 가시광선을 흡수할 수 있게 된다. 이러한 반응은 매우 특이하고 대부분의 경우 매우 감도가 좋으므로 mmol/L의 농도 영역의 물질까지 측정할 수 있다. 이러한 방법의 커다란 장점은 측정하고자 하는 화합물을 완전히 분리할 필요가 없으며, 혈액과 같은 복잡한 혼합물이라도 거의 처리하지 않은 채, 원하는 성분을 정량할 수 있다. 즉, 비색정량법은 용액 색깔의 진하기가 측정하고자 하는 화합물의 농도에 비례하고, 여기에 흡수되는 빛의 양은 색의 강도인 화합물의 농도에 비례한다. 비색정량법은 생화학적인 화합물의 농도를 결정하는 데 널리 쓰이고 있는 방법이다.

비색계의 원리는 텅스텐 램프로부터 나온 백색광이 슬릿을 통하고 집광렌즈를 통해서 평행광선이 되어 시료가 들어 있는 흡수측정용 큐벳(cuvette) 내에 조사된다. 이 큐벳(셀)은 빛을 통하는 양쪽에 유리가 서로 평행이 되도록 만들어져 있다. 대부분의 경우 셀은 1cm 정사각형이고 3ml의 액체가 들어가도록 되어 있다. 빛은 이렇게 하여 광전지에 닿고 이때 닿는 빛의 강도에 비례하여 전류가 생긴다. 이 작은 전기적 신호는 증폭기에서 증폭되어 흡광도를 그대로 읽을 수 있도록 log 눈금으로 되어 있는 검류계에 보내어진다. 시료의 흡광도를 측정하기 전에 먼저 바탕시험용액(보통 증류수나 시료에 사용한 buffer)을 비색계에 넣고 흡광도를 0으로 맞춘다. 그 다음에 시료용액을 넣어 흡광도를 측정한다.

Lambert의 법칙

단색광이 빛을 흡수하는 용액 층을 통과할 때 빛의 강도는 용액 층의 두께가 증가함에 따라 지수의 관계로 감소한다.

Beer의 법칙

단색광이 빛을 흡수하는 용액 층을 통과할 때 빛의 강도는 용액의 농도가 증가함에 따라 지수의 관계로 감소한다.

Beer-Lambert의 법칙

강도 I_0의 단색광을 투명한 그릇에 담은 시료용액에 통하면 빛의 일부가 흡수되므로 투과광의 강도 I는 I_0보다 낮아진다. 이때 빛의 강도는 시료용액 속의 입자에 의한 산란이나 계면에서의 반사에 의하여도 어느 정도 낮아지는데 주로 용액에 의한 흡수에 의하여 낮아진다. I와 I_0 사이의 관계는 빛을 흡수하는 용액 층의 두께 ℓ과 흡수하는 용액의 농도 c에 의하여 결정된다. 이러한 요인은 Lambert의 법칙 및 Beer의 법칙과 관계가 있다.

이 두 가지 법칙을 함께 묶어서 **Beer-Lambert**의 법칙이라고 한다.

$$I = I_0 e^{-k3cl}$$

이 강도의 비를 **투광도**(transmittance : T)라 하며 흔히 %로 나타낸다.

$$T = I/I_0 = e^{-k3cl}$$

log로 나타내면

$$\log_e I_0/I = k_3cl$$

$$\log_{10} I_0/I = 2.303k_3cl,$$

또는

$$\log 10\ I_3/I = kcl$$

여기에서 $\log_{10} I_0/I$는 흡광계수(E, extinction)또는 흡광도(absorbance)라 한다.
따라서, E = kcl이 된다.

만약 Beer-Lambert 법칙이 성립되어 ℓ이 일정할 때 농도에 대한 흡광도를 그리면 원점을 통과하는 직선이 된다. 한편, 농도에 대한 투광도(%)를 그리면 m의 지수곡선이 된다. 몇 가지 비색계나 불광광도계는 투광도(%)의 눈금과 흡광도의 log 눈금의 두 가지를 나타내는데 농도와 직선관계에 있고 표준곡선을 그릴 때 농도에 대해서 그려지는 것은 log 눈금이다. 이것을 이용한 표준곡선으로부터 미지의 용액의 농도를 흡광도로부터 간단하게 구할 수 있다.

3. 실험재료 및 방법

재료

(1) 시료 : 메틸렌 블루(methylene Blue), 메틸 오렌지(methylene orange), 미지의 염료 혼합물.

(2) 기기 : 비색계.

방법

(1) 시료용액을 미리 실험 시작 전 4시간 전에 10mg/ml 농도로 만들어 자석젓개로 잘 저어서 만들어 둔다.

(2) 시험관 4개를 준비하여 시험관 1에는 메틸렌 블루(10mg/ml)시료, 시험관 2에는 메틸오렌지(10mg/ml)시료를, 시험관 3에는 미지시료를, 시험관 4에는 바탕시험으로 증류수를 각 5ml씩 취한다.

(3) 비색계는 사용하기 15분 전에 켜 놓고 바탕시료인 증류수를 취한 시험관 1번부터 먼저 흡광도를 측정하고, 그 다음에 3개 시료에 대한 흡광도를 측정한다.

(4) 각 시료를 바꿀 때 증류수로 셀을 여러 번 헹군 후 흡광도를 측정한다.

(5) 각각의 필터에 대해서 투광도를 측정하는데 투광도가 극대(최소 흡광도)로 되는 파장을 기록하고, 각 색소용액을 파장에 대하여 흡광도를 그래프로 작성한다.

(6) 각각의 색소에 대하여 최대흡수를 나타내는 파장을 표시한다.

(7) (6)의 결과를 이용하여 미지의 혼합물의 색소를 추정한다. 색을 띤 화합물은 각각

고유의 흡수 스펙트럼을 가지고 있다.

(8) 일련의 시험관을 준비하고 메틸렌 블루 1ml를 취하여 총 부피가 5ml가 되도록 증류수와 함께 5개의 일련의 다른 농도의 색소용액을 만든다.

(9) 색소의 흡수가 극대가 되도록 고른 필터를 빛의 통로에 놓고 각 용액에 대한 흡광도를 측정하고, 각 시험관의 색소용액(ml/L 또는 μg/ml)의 농도에 대한 흡광도를 그래프로 그린다.

(10) 메틸렌 블루의 흡수가 극대로 되는 필터와 또 하나 다른 필터를 사용하여 필터가 없는 백색광으로 앞의 실험을 되풀이하여 흡광도를 측정하고, 농도에 대한 흡광도를 그려서 만든 곡선이 Beer의 법칙에 맞는지 확인한다.

(11) 메틸오렌지에 대하여도 5가지의 일련의 농도용액을 만들어 흡광도를 측정하고, 혼합물 속에 존재하는 각 색소의 농도를 결정하여 본다.

4. 질문

(1) 염료의 흡광도를 필터를 바꾸면서 측정할 때 필터를 바꿀 때마다 큐벳에 증류수를 넣고 흡광도의 눈금을 0으로 조절하여야 하는 이유는 무엇인지 설명하여 보시오.

5. 참고문헌

(1) Sambrook, Fritsch, Maniatis, Molecular cloning, 2ed, 1989, Cold spring harbor laboratory.

(2) Forkin, M. and Stotz, E., Comprehensive Biochemistry, 1962, Elsevier.

실험 6. 분광광도계(spectrophotometer)

1. 실험의 목적

분광광도계를 이용하여 DNA와 단백질의 농도를 O.D.(Optical Density) 값을 측정하여 계산한다.

2. 실험의 원리

분광광도법

분광광도계는 비색계를 수정 보완한 것으로서 단색광을 얻는 데에 회절격자 또는 프리즘을 사용하고 있다. 필터를 통해서 얻어지는 단색광의 띠 나비는 매우 넓으므로, 비색계는 이웃하는 파장에서 흡수되는 두 가지 화합물을 구별하기 어렵다. 그러므로 정확한 구별을 하기 위하여 분광광도계가 필요하게 되며, 2개의 peak는 분광기에서 선별할 수 있다. 몇 가지 화합물은 자외선 영역에서 세게 흡수되며 그 농도는 190nm의 파장 영역에서까지 사용할 수 있는 분광광도계를 사용하여 비색계의 경우와 비슷하게 그리고 더 간편하게 측정할 수 있다.

흡수 스펙트럼

많은 화합물은 자외선 영역이나 가시광선 영역에서 각각 특성적인 흡수 스펙트럼을 가지므로 분광광도계를 이용하여 혼합물 중에 이러한 물질이 포함되어 있는가를 확인할 수 있다.

단백질의 측정

단백질은 그 속에 포함된 tyrosine이나 tryptophan과 같은 아미노산의 함량에 따라 280nm에서 강하게 흡수된다. 이것은 감도가 좋고 또한 단백질을 파괴하지 않고 분석하는 방법이다. 단백질은 역시 peptide bond 때문에 원자외선 영역 외에도 흡수된다. 그러나 특이한 단백질을 측정할 경우에는 Coomassie 염료약으로 착색하여 595nm에서 흡광도를 측정할 수 있고, 이러한 실험결과로부터 미지의 단백질의 농도를 계산할 수 있다(바탕용액의 농도를 알고 있는 경우).

핵산

핵산과 그 성분의 염기는 260nm 영역에서 최대 흡수를 나타낸다. 부분적으로 분해된 핵산은 본래의 것보다 더 세게 흡수되므로 핵산의 흡수 크기로 그 구조의 분해 여부를 알 수 있다. 핵산 염기의 스펙트럼은 역시 각각 다르므로 이것을 이용하여 각 염기를 확인할 수 있다.

분광광도계 사용법

1. Cuvett은 3차 증류수로 여러 번 씻어서 자연적으로 물기를 제거하기 위해 화장지에 거꾸로 세워 완전히 물기를 제거한다.
2. Cell holder에 넣기 전에 반드시 큐벳의 바깥부분을 부드러운 tissue paper로 닦고 빛이 통하는 면에 손을 대지 않도록 한다.
3. 모든 측정이 끝나면 증류수로 씻고 물기를 제거하기 위해서 화장지 위에 거꾸로 세워 놓는다.
4. 유리큐벳은 석영큐벳보다 매우 값싸고 어디서나 사용할 수 있다. 유리큐벳의 주된 결점은 유리가 자외선을 흡수하므로 360nm 이하에서는 사용할 수 없다는 점이다. 따라서, 이 이하의 파장에서는 석영 셀을 사용해야만 하는데 석영 셀은 값이 고가이므로 조심하여 다루지 않으면 안 된다.
   유리큐벳 파장범위 : 360~800nm
   석영큐벳 파장범위 : 200~800nm
5. 텅스텐 램프는 약 360nm까지의 넓은 파장 영역의 빛을 발생한다. 자외선 영역의 스펙트럼을 얻기 위하여 중수소램프가 광원으로 쓰인다. 만약 360~400nm 범위에서 텅스텐 램프를 사용할 때는 광로에 청색 필터를 놓는다.
6. 시료용액의 흡광도는 측정하고자 하는 화합물 이외의 것을 모두 포함한 바탕시험용액과 대조하여 측정한다. 어떤 시험용액을 측정하기 전에는 반드시 바탕시험용액을

먼저 분광광도계에 넣고 흡광도의 눈금을 0으로 조절한다(투광도 100%). 그리고 시험용액의 흡광도로부터 바탕시험용액의 흡광도를 빼주어야 한다.

7. 정확한 표준곡선을 작성하기 위해서는 모든 바탕시험용액과 표준용액을 2개씩 준비하는 것이 기본이다. 중요한 시험인 경우 시험용액도 가능한 한 2개씩 준비해야 한다.

3. 실험재료 및 방법

재료

(1) 시료 : Bovine serum albumin(BSA), DNA, Tris, EDTA, DTT(Dithiothreitol), Triton X-100, MOPS.

(2) 기기 : Spectrophotometer, 페스쳐 파이펫. 냉동고, 자석젓개.

방법

(1) BSA를 resuspension buffer(1mM DTT, 20mM MOPS, pH 7, 10% triton X-100-사용 전에 넣어 줌)에 잘 녹여 1mg/ml 농도를 만들고, 여러 개의 eppendorf 튜브에 500ul씩 분배하고, 남는 시료는 냉동고에 저장한다.

(2) DNA는 TE buffer(10mM Tris-HCl, 0.1mM EDTA-sodium salt)를 넣고 잘 녹인 후 10mg/ml 농도로 만들어 여분은 냉동고에 저장한다.

(3) 시험관 10개를 준비하고 시험관 1, 2, 3, 4, 5에는 단백질 용액을 0, 10, 20, 40, 100을 취한다.

(4) 시험관 5, 6, 7, 8, 9, 10에는 DNA를 같은 농도로 취한다. 그리고 최종 부피는 TE를 사용하여 1ml로 한다.

(5) (3)의 시료에는 Coomassie brilliant blue G-250(BIO-RED, 미국) 시약(Brad-ford 염료시약–제 2장 단백질의 정성정량 분석에서 설명)을 5배로 희석하여 5ml씩 넣어서 잘 흔들어 준 다음 실온에 5분 정도 놓아둔다.

(6) 분광광도계는 사용하기 15분 전에 켜놓고, 색소가 없는 DNA부터 260nm에서 먼저 흡광도를 측정하는데 바탕시험인 시험관 6번부터 넣고, O.D.(Optical density)가 0이

되도록 맞춘 후 일련의 용액의 흡광도를 측정한다.

(7) 단백질용액에 대하여도 595nm에서 바탕시험인 1번부터 먼저 O.D.를 측정하여 0으로 맞춘 뒤 일련의 용액의 흡광도를 측정한다.

(8) 두 시료에 대하여 Optical Density와 농도와의 관계에 대하여 그래프를 그려본다. 이러한 그래프는 미지의 단백질 또는 DNA의 농도를 측정하는 데 이용된다.

4. 질문

(1) DNA와 단백질의 농도를 측정할 때 분광광도계에서 다른 파장에서 측정하는데 그 이유는 무엇이며, 단백질에는 Coomassie 염색약을 넣어서 착색시키는 이유가 무엇인지 설명하시오.

5. 참고문헌

(1) Jaffe, H. H., Theory and Application of Ultraviolet Spectroscopy, 1962, Wiley.

(2) Sambrook, Fritsch, Maniatic, Molecular Cloning, 2ed, 1989, Cold Spring Harbor Laboratory.

실험 7. 분광광도계를 이용한 Hemoglobin 농도의 측정

1. 실험의 목적

분광광도계를 이용하여 산소와의 결합력을 이용한 헤모글로빈의 농도를 측정하여 본다.

2. 실험의 원리

헤모글로빈

헤모글로빈은 어떤 시약이나 일산화탄소로 변화시키면 헤모글로빈의 최대 흡수값이 독특하게 이동한다. 따라서, 이와 같이 변화된 형태의 헤모글로빈의 존재를 검출하고 정량할 수 있다. 헤모글로빈이 산소와 결합하면 흡수 스펙트럼에 이동이 일어나고 혈액의 색이 암적색에서 밝은 적색으로 변한다. deoxygenation에 의하여 반대의 변화가 일어나는데 이것이 정맥혈과 동맥혈의 색깔이 다른 이유이다.

Hemoglobin이나 oxyhemoglobin에는 모두 철이 2가의 형태로 존재하며 oxygenation에 의해서도 산화되지 않는다. 만약 2가의 철이 ferricyanide와 같은 산화제로 산화되어 3가의 철로 되면 methemoglobin이 생성되며 그 분자는 더 이상 산소나 일산화탄소와 결합하지 않는다.

Hemoglobin은 산소보다 약 200배 더 쉽게 일산화탄소와 결합하여 carboxyhemoglobin을 생성한다. 즉, hemoglobin이 일산화탄소와 결합하여 산소를 운반하는 양이 감소되므로 만약 CO가 많이 존재하면 조직의 산소결핍으로 말미암아 죽기도 한다. Carboxyhemoglobin의 흡수 스펙트럼은 hemoglobin의 그것에 비해 조금밖에 차이가 없으나, 이러한 차이를 이용하여 혈액 중 carboxyhemoglobin을 검출하는 것이 가능하다. 만약 혈액을 공기 중에서 흔들면 oxyhemoglobin이 생성되는데 Stock 시약을 혈액에 가하여 산소를 완전히 제거하면 hemoglobin이 생성된다.

3. 실험재료 및 방법

재료

(1) 시료 : 헤모글로빈, NaCl(0.15M), Potassium ferricyanide(100g/L), Parafilm.
(2) 기기 : UV-Spectrophotometer, Visible spectroscope.

방법

(1) 혈액으로부터 얻은 적혈구로부터 추출한 헤모글로빈을 약 1mg/ml의 농도로 resuspension buffer(1mM DTT, 20mM MOPS, pH 7)에 녹인다.
(2) 400, 450, 500, 550, 600, 650, 700nm에서 흡광도를 측정하고, 흡수 스펙트럼의 띠를 그래프에 그린다.
(3) 시험관 4개를 준비하고 시험관 1은 1ml의 헤모글로빈용액에 stock 시약(환원제)을 2방울 가한다.
(4) 후드에서 헤모글로빈용액 1ml에 일산화탄소를 통한 다음 시험관을 파라필럼으로 봉한다.
(5) 1ml의 헤모글로빈용액에 stock 시약(환원제)을 2방울 가한 후 후드에서 일산화탄소(CO)를 통하여 주고 시험관 입구를 파라필럼으로 봉한다.
(6) 헤모글로빈용액 1ml에 100mg/ml의 potassium ferricyanide 용액 2방울을 가한다.
(7) 헤모글로빈용액 1ml에 100mg/ml의 potassium ferricyanide 용액 2~3방울을 가한 뒤 stock 시약을 가한다.
(8) (3), (4), (5), (6), (7) 시료들의 흡수 스펙트럼을 측정한다.

*** Stock 용액**

Ammonium ferrotartrate 용액(환원제) :
2g/100ml ferrous sulfate와 3g/100ml tartaric acid를 미리 만들어 놓고 사용하기 전에 약간의 암모니아를 넣어주는데 아주 희미한 약한 침전이 생길 때까지 넣어준 후 사용한다.

* 헤모글로빈과 헤모글로빈 유도체의 흡수극대파장

Hemoglobin 유도체	흡수극대파장(nm)		
Hemoglobin	555	430	–
Oxyhemoglobin	577	541	413
Carboxyhemoglobin	570	535	418
Methemoglobin	630	500	406

4. 질문

(1) 헤모글로빈의 산소와 결합하는 능력과 일산화탄소와 결합하는 능력을 비교하고, 생체 내에서의 Oxyhemoglobin, Carboxyhemoglobin의 생화학적인 메커니즘과 이들의 영향력을 설명하시오.

5. 참고문헌

(1) Van Holde, K. E., Physical Biochemistry, 1971, Englewood cliffs.

(2) Florkin, M. and Stoz, E., Comprehensive Biochemistry, vol.3, Methods for the study of molecules.

(3) 김일, 박택규, 박동기 공역, 실험생화학(David T, Plummer), 1985, 청문각.

2장

생화학과 관련된 Biomolecules

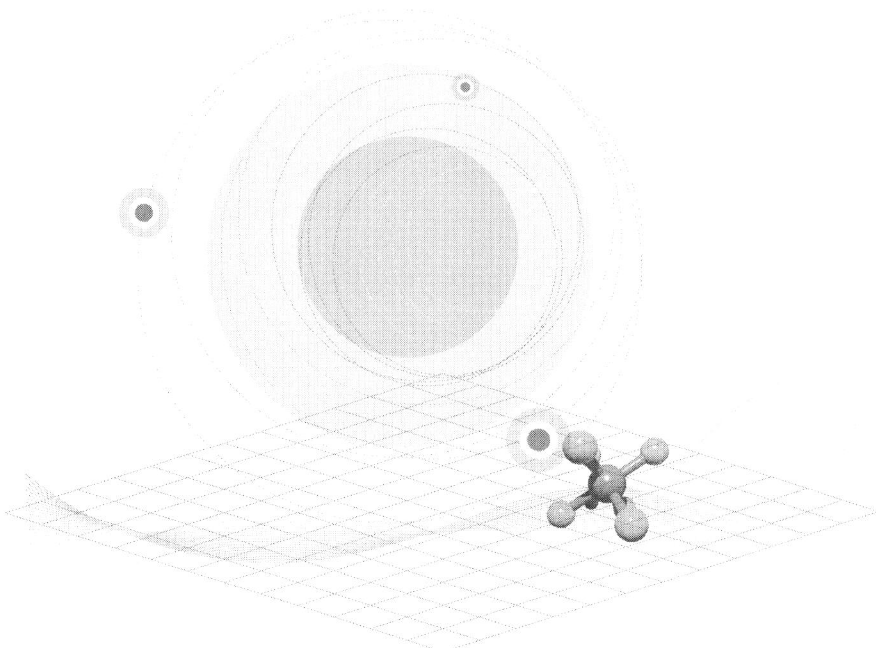

실험 8. 아미노산의 정성 반응

1. 실험의 목적

단백질의 구성 성분인 아미노산에 대하여 우유단백질인 카제인(casein)을 가수분해하여 크로마토그래피를 이용하여 아미노산 성분을 분석한다.

2. 실험의 원리

단백질은 20여 개의 아미노산 단위체들로 이루어져 있다. 아미노산은 단백질의 기본 단위이고 대부분의 아미노산은 α-아미노산으로 알려져 있다. 이것은 α-탄소에 아미노기, 카르복시기, 수소원자 그리고 R기(곁사슬)가 결합되어 있으므로 α-아미노산으로 불려진다.

곁사슬 구조

각 아미노산의 독특한 성질은 곁사슬의 구조적 차이에 의해서 결정되며 비극성, 극성과 중성, 산성, 염기성의 4종류로 분류된다. 일반적인 아미노산의 구조나 세 문자 축약형 이름은 생화학 교재(Biochemistry, McKee)에 잘 설명되어 있다.

펩타이드 결합

아미노산사이의 결합은 다당류나 지질에서와 같이 축합반응에 의해 일어난다. 아미노산이 결합할 때 아미노산의 아미노기는 다른 아미노산의 카르복시기와 결합을 형성하는데 이것을 '펩타이드 결합(Peptide bond)'이라 한다.

우유(Milk)의 특성

우유는 젖소의 유선에서 형성되어 분비되는 것으로 신선한 우유는 백색 투명한 액체이나 때로는 담황색을 나타낼 때도 있으며 특유한 풍미를 갖고 있다. 우유는 수분을 비롯해서 고형분으로써 지질, 단백질, 탄수화물, 무기질 외에 비타민 효소 등 여러 가지의 미량성분으로 구성되어 있다. 우유 성분 중 유지방, 유단백질의 대부분 및 유당은 우유에만 들어 있는 특유한 성분이다.

카제인 단백질

본 실험에서 시료로 사용할 Casein 단백질은 유단백질의 대부분을 이루며, 우유는 Casein이 존재하기 때문에 하얀색을 띤다. Casein을 분해하는 효소는 Caseinase인데 산성용액에서 가열하면 아미노산으로 가수분해된다. 또한 많은 세균들이 Caseinase를 분비하는데 Caseinase는 Casein을 더 부드럽고 투명한 유도체로 분해한다. 이러한 효소에 의한 단백질의 가수분해를 proteolysis라 한다. Skim milk agar판에 균주(*Bacillus subtilis*(양성균), *Bacilus macerans*(음성균)를 접종하면 투명환(clear zone)이 형성된다. 닌히드린(ninhydrin)은 1%의 중성수용액 상태에서 α-아미노산과 함께 가열하면 적자색을 나타낸다. 한편으로 닌히드린과의 반응에서 Proline은 황색, Histidine은 청색을 나타낸다.

TLC(Thin Layer Chromatography)

크로마토그래피는 혼합물로부터 구성 물질들을 순수하게 분리하거나 확인 및 정량하는데 사용하는 방법이다. 앞에서 이미 Thin layer Chromatography(TLC)와 Paper Chromatography(PC)의 특성에 대하여는 설명하였다. TLC는 고정상을 얇은 층으로 입힌 유리판이나 플라스틱판을 사용한다. TLC는 PC보다 두 가지 장점을 가지고 있다. 첫째는 빠르고 우수한 분리 능력이고, 둘째는 고정상을 여러 가지로 변화할 수 있어서 다양한 혼합물을 분리할 수 있다.

아미노산의 R_f 값

아미노산은 전개용매보다 느리게 고정상위를 움직이며 곁사슬의 성질에 따라 이동거리가 달라진다. 따라서 전개가 끝난 후 닌히드린으로 발색시켜 R_f 값을 계산하면 알려진 자료와 비교하여 성분을 확인할 수 있다.

화합물	아미노산의 R_f 값 비교 용매(n－부탄올－acetic acid－H_2O)＝3：1：1
Tryptophan	0.56
Phenylalanine	0.49
Tyrosine	0.47
Valine	0.35
Alanine	0.27
Glycine	0.22
Glutamic acid	0.17

3. 실험재료 및 방법

재료

(1) 시료 : 아미노산(20), n-부탄올, 빙초산, 닌히드린, 이소프로필알코올, 암모니아수, 미지의 아미노산(알고 있는 아미노산 시료(y).

(2) 기기 : TLC판, 파이펫 팁, TLC 전개통, Whatman no.1 크로마토그래피용 거름종이(20cm×10cm), 오븐.

방법

1) 아미노산의 TLC(Thin Layer Chromatography) 분석

(1) 실리카겔이 고정상인 TLC판을 준비한 후 연필을 이용하여 아래쪽에서 2cm되는 곳에서 출발선을 표시하고, 그 위에 1.0cm 간격으로 3개의 점(A, B, C)을 만든다.

A. 파이펫 팁을 이용하여 우유 가수분해용액에 담근 뒤 소량씩 TLC판에 점적한다. Spotting할 때 파이펫 팁으로 TLC판의 코팅된 부분이 손상되지 않도록 조심하고, 반점이 마르도록 기다린 후 반복하여 spotting한다.

B. 미지의 아미노산(x)을 함유하는 B시료를 spotting한다.

C. 이미 알고 있는 또 다른 아미노산을 함유하는 y 시료를 사용하여 spotting한다.

(2) 위의 TLC판을 전개용매(n-부탄올 : 초산 : 물 = 3 : 1 : 1)가 들어 있는 상승식 전개법을 이용하는 전개통 속에 거의 수직방향으로 세워 둔다. 전개통 속이 용매의 증기로 포화되게 하기 위하여 전개통 안쪽 3개의 면에 전개용매를 충분히 흡수한 거름종이로 휘장을 친 후 전개용매를 넣고 15분 정도 기다린 후 TLC판을 전개시킨다. 전개통의 뚜껑은 항상 닫혀 있어야만 하고, 전개시키는 동안은 닫아 놓아야만 한다.

(3) 용매가 반점으로부터 7cm 정도 전개되면 (1시간 정도) TLC판을 꺼낸다.

(4) TLC판을 마르도록 후드에 5분 정도 놓아 두어 말린다.

(5) 완전히 마른 TLC판을 후드에서 닌히드린 용액으로 분무한다. TLC판이 완전히 마르도록 후드에서 5분 정도 기다린다.

(6) 완전히 마른 TLC판을 2~3분간 약하게 가열하여 발색시킨다. 발색된 반점을 연필로 윤곽을 그려 표시한다.

2) 아미노산의 PC 분석

(1) Whatman no.1 크로마토그래피용 거름종이(20cm × 10cm)를 준비한다.

(2) 연필로 종이 하단에서 2cm 위에 1cm 간격으로 spotting할 위치를 표시한다.

(3) 성분이 확인된 5종류의 아미노산 시료(1, 2, 3, 4, 5)와 이들 중 두 가지로 구성된 미지의 혼합용액(x)을 사용한다. 혼합미지시료는 마지막에 spotting하고 알려진 아미노산 시료 5개는 각 점에 해당하는 기호를 표시한 후 spotting한다.

(4) 1L의 비커에 용매(물 : 이소프로필 알코올 : 암모니아수 = 1 : 1 : 1) 50ml를 넣어 전개시킨다.

(5) 거름종이 상단을 유리막대에 테이프로 고정시킨 다음, 시작점이 용매에 닿지 않을 정도로 길이를 조절한다.

(6) 거름종이를 전개통에 넣고 유리막대를 비커 위에 걸쳐 놓은 다음, 알루미늄 호일로 잘 덮고 50~60분 정도 전개시킨다.

(7) 전개가 끝나면 거름종이를 꺼내어 용매가 전개된 끝부분을 연필로 표시한다.

(8) 거름종이를 오븐(80~100℃)이나 건조기로 말린다.

(9) 거름종이가 완전히 마르면 후드 안에서 닌히드린 용액을 분무한다.

(10) 닌히드린 용액이 완전히 증발할 때까지 거름종이를 후드 안에 놓아두고 완전히 증발 후 건조기나 오븐에서 발색시킨다.

(11) 연필로 각각의 발색된 점의 윤곽을 표시한 다음 R_f 값을 계산하여 기록한다.
(12) 각 아미노산의 R_f 값을 비교하여 미지용액의 성분을 확인한다.

4. 질문

(1) 우유에 들어 있는 카제인 단백질은 몇 종류의 아미노산으로 구성되어 있는지 설명하여 보시오.
(2) TLC와 PC를 사용하면 아미노산 혼합용액으로부터 모든 아미노산을 분석할 수 있는지 설명하여 보시오.
(3) 크로마토그래피 실험에서 spotting한 부분이 전개용매에 잠기지 않도록 주의하여야 하는 이유는 무엇인지 설명하여 보시오.
(4) 전개용매로 TLC판이나 거름종이를 전개할 때 마지막 끝부분이 지나도록 전개통에서 이들을 꺼내지 않는다면 실험결과가 어떻게 될지 예상하여 보시오.
(5) 염기성 곁사슬보다 산성 곁사슬이 많은 아미노산을 사용하여 pentapeptide를 만들어 보고 구조식과 이름을 쓰시오.

5. 참고문헌

(1) Block, R. J. Durrum, E, Zeig, G., 1955, A Manual of Paper chromatography and paper Electrophoresis, Academic press, New York.
(2) Boyer, R, F., 1986 Modern Experimental Biochemistry, Addison-Wesley, Reading.
(3) Lehninger, A. L., Nelson, D. L., Cox, M. M., 1993, Principles of Biochemistry, Worth, new York.
(4) Whitaker, J. R., 1963 Anal. Chem., 35, 1950.
(5) Zeiden, H. M., Dashek, W. V., 1996, Experimental Approaches in Biochemistry and Molecular biology.

실험 9. 단백질의 정성 분석

1. 실험의 목적

산과 유기용매를 이용하여 단백질을 완전히 변성시키거나 염을 이용하여 부분적 변성을 하여 단백질을 분석하여 본다.

2. 실험의 원리

단백질은 촉매작용, 운반, 조절된 운동, 흥분 그리고 성장과 분화의 조절 등과 같이 생체에서 일어나는 거의 모든 과정에서 결정적인 역할을 한다. 단백질의 이러한 매우 광범위한 기능들은, 단백질들이 매우 다양한 분자들과 결합할 수 있는 독특한 삼차원 구조로 접힘으로써 생긴다. 생화학의 중요한 목표 중의 하나는 아미노산 결합 순서가 어떻게 단백질의 형태를 지정하는가를 결정하는 것이다. 또한 우리는 단백질이 어떻게 특정한 기질들이나 그 밖의 분자들과 결합하고 촉매 작용을 매개하며 에너지와 정보를 변화하는지도 알 수 있다. 이러한 연구에서 필수 불가결한 단계는 관심 있는 단백질들을 정제하는 것이다.

단백질의 변성

대부분의 단백질은 열, 광선 및 알코올에 의해 응고된다. 열은 단백질 분자 내의 원자들을 더욱 빠르게 진동시켜 상대적으로 약한 결합인 수소결합과 소수성 결합을 깨뜨린다. 강산은 곁사슬의 카르복시 음이온의 이온화 상태를 변화시켜 이온쌍에 의한 결합을 파괴하며, 알코올은 수소결합을 깨뜨려 단백질을 변성시킨다. 은, 납 및 수은과 같은 중금속은 곁사슬의 카르복시 음이온과 착물을 형성하여 단백질을 침전시킨다. 질산은과 염화수은(II)이 방부제로 쓰이는 이유는 이들이 박테리아의 단백질을 침전으로 만들기 때문이다. 탄닌산(tannic acid), 피크르산(picric acid) 및 트리클로로아세트산과 같은 유기산들은 알칼로이드를 침전으로 만드는 데 사용된다. 이들 시약의 음이온은 단백질 분자 내의 양성자화된 아미노기와 염을 이루어 단백질의 이온쌍에 의한 결합을 깨는 역할을 한다.

단백질의 정제

단백질의 삼차원 구조와 작용기구를 밝히려면, 수 밀리그램(mg) 정도의 상당한 양의 정제된 단백질들이 필요하다. 크기, 용해도, 전하 그리고 특이한 결합 친화성들과 같은 특성에 기초하여 수천 가지의 단백질들이 활성을 가진 형태로 정제되었다. 정제의 각 단계에서 관심있는 단백질의 독특한 성질(효소 활성 따위)을 측정하여 이 기법의 정제효율을 평가한다.

-염석(salting out)

대부분의 단백질은 염의 농도가 높은 용액에서 용해도가 감소한다. 아직 잘 이해되어 있지는 않지만, 염석이라고 부르는 이 효과는 매우 유용하다. 염 농도에 따라 용해도가 얼마나 되느냐는 단백질에 따라 다르다. 그러므로 염석은 단백질들을 분획하는 데 사용할 수 있다. 예컨대, 0.8M의 황산암모늄은 피브리노겐(fibrinogen, 혈액을 응고시키는 단백질)을 침전시키지만, 혈청 알부민을 침전시키려면 2.4M의 농도가 필요하다. 염석은 단백질의 묽은 용액을 농축시키는 데에도 사용된다.

-투석(Dialysis)

다공성인 셀룰로오스막 같은 반투막을 통한 투석으로 단백질을 작은 분자들로부터 분리할 수 있다. 구멍의 직경보다 상당히 더 큰 크기를 가진 분자들은 투석주머니 안에 남게 되는데, 더 작은 분자들과 이온들은 이러한 막의 구멍들을 통과하여 주머니 바깥에 있는 투석액 속으로 나오게 된다.

3. 실험재료 및 방법

1) Trichloroacetic acid(TCA)에 의한 침전

재료

(1) 시료 : 100% TCA, 0.1N NaOH.

(2) 기기 : Eppendorf tube, Eppendorf Centrifuge, Vortex mixer.

방법

(1) 10㎍의 단백질을 포함한 1ml의 용액에 100㎕ TCA를 넣고 잘 교반하여 준다.

(2) 단백질이 침전하도록 얼음 위에 30분간 놓아둔다. 또는 냉동실에 15분 놓아둔다.

(3) 냉각된 단백질 시료를 10,000xg에서 5분간 원심분리한다.

(4) 상등액을 따라내고 파이펫으로 남아 있는 용액을 제거한다.

(5) 0.1N NaOH 용액 50~100㎕를 첨가하여 재현탁시키고 교반한다.

(6) (5)의 용액 일부를 취하여 단백질의 정성분석을 실시하고 나머지 시료는 냉장고에 보관한다.

2) 아세톤(Acetone) 침전

재료

(1) 시료 : Acetone.

(2) 기기 : Eppendorf tube, Eppendorf Centrifuge, Vortex mixer.

방법

(1) 차게 한 아세톤 1ml로부터 200㎕를 취하여 단백질을 포함한 용액에 넣어 잘 저어준 다음 교반한다.

(2) −20℃에서 10분간 놓아둔다.

(3) 10,000xg에서 5분간 시료를 원심분리한다.

(4) 상등액을 제거하고 공기 중에서 침전물을 건조시킨다.

(5) 100㎕의 TE(Tris-EDTA, pH 7.5)용액에 재현탁시킨 후 분석한다.

3) 황산암모늄{$(NH_4)_2SO_4$} 침전

재료

(1) 시료 : 황산암모늄{$(NH_4)_2SO_4$}, TE(Tris-EDTA) pH 7.5 용액.

(2) 기기 : 비커, Magnetic Stirrer, Centrifuge.

방법

(1) 생명체의 미토콘드리아나 소기관으로부터 추출한 단백질을 함유하는 시료 50ml에 위의 식으로부터 계산한 황산암모늄의 농도를 75%로 올리기 위해서는 황산암모늄을 저울에 달아 놓는다(약 17.45g).

(2) 단백질을 포함하는 시료를 시원한 장소에서, magnetic stirrer를 시료 안에 넣은 후 magnetic plate에 올려놓고 저으면서 황산암모늄을 조금씩 넣어서 녹여 준다.

(3) 황산암모늄이 모두 녹은 후 10,000xg에서 15분간 원심분리한다.

(4) 상등액을 조심스럽게 다른 비커에 따라내고 침전물은 TE 200㎕를 넣어 녹인 뒤 투석한다.

* **투석(salting out) :**

높은 농도의 염이 존재할 때 단백질이 응집하여 침전하는 성질을 이용한 투석은 서로 다른 단백질이 다른 염의 농도에서 침전하는 원리를 이용한 것이다. salting out를 결정하는 데에는 pH, 온도, 그리고 단백질의 순도가 중요한 요인이며, 황산암모늄은 효율성, pH 다양성, 그리고 경제성 면에서 유용하다. 황산암모늄의 농도는 퍼센트 포화도로서 표현되며 X_0%의 용액으로부터 X%의 용액을 만들 때 필요한 황산암모늄의 용량 g =

$\{515(X-X_0)\}/(1-0.27X)/1L$. 최대 단백질 침전은 80% 내외에서 이루어진다.

4) Polyethylene glycol(PEG) 침전

재료

(1) 시료 : PEG6000, TE buffer, 증류수.
(2) 기기 : Magnetic plate, Magnetic stirrer, Centrifuge.

방법

PEG는 비이온성의 물에 용해하는 중합체이다. PEG는 30% 농도 내외에서 단백질을 거의 변성시키지 않고 단백질을 침전시킬 수 있다.
(1) PEG6000의 50% 용액을 먼저 만든다.
(2) 50ml의 단백질을 포함하는 용액에 50%의 PEG6000(w/v) 용액을 조금씩 가한 후 교반기를 이용하여 magnetic stirrer로 잘 저어준다.
(3) 1시간 정도 잘 저어준 뒤 10,000xg에서 15분간 원심분리한다.
(4) 상등액을 조심스레 제거하고 침전물을 200μl의 TE buffer에 녹여 분석한다.

4. 질문

(1) TCA와 황산암모늄을 이용한 단백질 침전의 차이점을 설명하시오.
(2) Salting out(염석)은 단백질들을 분획하는 데 사용할 수 있는데 그 원리를 설명하시오.
(3) PEG6000을 이용한 단백질 침전을 설명하고 장점을 쓰시오.

5. 참고문헌

(1) Lubert Stryer, Biochemistry, 4th ed., 1999, Stanford University.
(2) 한국생화학회, 실험 생화학, 3편, 1997, 탐구당.

실험 10. 단백질의 정량 분석

Lowry법에 의한 단백질의 정량

1. 실험의 목적

Lowry법에 의해서 미지의 시료로부터 단백질을 정량하여 본다.

2. 실험의 원리

Lowry법에서 생기는 청색은 Lowry 시약 중의 Cu^{2+}이온이 시료 중의 단백질의 펩타이드(peptide)결합과 반응하여 생기며, 포스포몰리브덴(phosphomolybden)산을 함유하는 착화합물 시약이 단백질의 구성 성분인 티로신과 트립토판의 잔기들을 환원한다. Lowry법은 10~200㎍의 단백질을 정량하는 데 사용한다.

3. 실험재료 및 방법

재료

(1) 시료 : 시약 A, B, C, D를 만든다(부록 참조 : Lowry 시약).
시약 A : 0.1M NaOH 용액에서의 2% Na_2CO_3(4℃에 보관)
시약 B-1 : 1% $CuSO_4 \cdot 5H_2O$ 용액(4℃에 보관)
시약 B-2 : 2% 타르타르산나트륨칼륨(4℃에 보관)
시약 C : 시약 10ml를 비커에 넣고 저으면서, B-1 시약 10ml를 혼합하여 잘 흔들어 준다.

시약 D : 플라스크에 10mg의 $Na_2WO_4 \cdot 2H_2O$와 2.5g의 $Na_2WO_4 \cdot 2H_2O$를 물 50ml에 녹이고 후드에서 5ml의 H_3PO_4(85%)와 10ml의 진한 염산을 가한 후 10시간 동안 끓인 다음, 15g의 Li_2SO_4를 넣고 물 5ml와 브롬액체용액 1방울을 가하여 15분간 가열한다. 냉각시킨 후 용액을 100ml로 맞춘 뒤 여과하여 사용한다.

단백질 표준용액 : 알부민 10mg/ml을 사용한다.

(2) 기기 : 비색계, 분광광도계, 가시광선 분광광도계, 큐벳.

방법

(1) 미지시료의 단백질을 정량하기 위하여, 8개의 시험관(18×150mm)을 준비하여 1~8까지 표시한다.

(2) 시험관 1~6까지는 표준단백질인 10mg/ml의 알부민(albumin)을 0, 0.1, 0.2, 0.4, 0.8, 1.0mg을 넣고, 시험관 7은 미지단백질 시료 1mg을 넣고, 시험관 8에는 물을 1ml을 넣고, 모든 시험관에 같은 부피가 되도록 나머지는 물로 부피를 맞추어 준다.

(3) 5.0ml의 시약 C를 모든 시험관들에 가하고 잘 흔들어 주고, 실온에서 15분간 놓아둔다.

(4) 2.5ml의 시약 D를 모든 시험관들에 가하고 바로 잘 섞어 준다.

(5) 30분간 실온에 놓아 둔 뒤 500nm에서 흡광도를 측정한다. 이들 흡광도로부터 표준곡선을 그리고 미지 시료의 농도를 결정한다.

Bradford법에 의한 단백질 정량

1. 실험의 목적

단백질을 빨리 정량할 수 있는 Bradford 정량법으로 미지의 단백질 시료를 정량하여 본다.

2. 실험의 원리

산성용액에서 Coomassie brilliant blue 염료는 단백질과 결합하게 되고, 이로 인해 염료의 최대 흡광도(λ max)는 465nm에서 595nm로 이동하게 된다. 따라서 595nm에서의 흡광도는 단백질의 농도와 비례한다. 이 반응은 발색 반응이 2분 내에 완결되며 1시간까지 실온에서 안정하다.

Bradford 방법의 감도는 Lowry법보다 예민하며 1~20㎍ 정도의 단백질도 측정할 수 있다. Bradford법은 빠르고 비단백질 성분들에 의한 방해도 거의 없다. 최근에는 이 방법이 간단하므로 실험실에서 가장 자주 사용하는 단백질 정량법이다.

3. 실험재료 및 방법

재료

(1) 시료 : Bradford 염료시약 : Coomassie Blue G-250 dye와 phosphoric acid, 그리고 methanol이 혼합된 용액을 구입하여 사용한다(Bio-Red company). 사용 전에 Bradford 시약을 5배 희석하여 여과 후 유리용기에 담아서 실온에 보관한다.

(2) 기기 : 분광광도계, 큐벳, 시험관(10×100mm).

방법

(1) 시험관(10×100mm) 8개를 준비하여 표준용액인 알부민 용액을 1~6 시험관에 0, 0.1, 0.2, 0.4, 0.8, 1.0mg을 넣고 같은 부피가 되도록 증류수를 섞어 준다.

(2) 시험관 7에는 미지 단백질 1.0mg을 넣고 희석한 Bradford 염료시약을 각 시험관에 5ml씩 첨가하여 잘 섞어 준다.

(3) 5분간 실온에 놓아둔 뒤 595nm에서 흡광도를 측정한다.

(4) 1번에서 6번까지 시험관들의 흡광도들로부터 표준곡선을 그리고 단백질 표준곡선으로부터 미지단백질의 농도를 결정한다.

비우렛(Biuret) 반응에 의한 단백질의 정량

1. 실험의 목적

비우렛(NH_2-CO-NH-CO-NH_2)이 알칼리성 $CuSO_4$와 반응하여 보라색의 착화합물을 만들 때 미지시료의 단백질을 정량하여 본다.

2. 실험의 원리

2개 이상의 펩타이드 결합을 가진 아미노산 사슬도 긴 단백질 사슬과 유사한 착화합물을 만들며 사슬들은 청자색 또는 적자색을 나타낸다. 비우렛 방법으로는 10mg까지 단백질을 정량할 수 있다.

3. 실험재료 및 방법

재료

(1) 시료 : 단백질 표준용액-알부민 10mg/ml
비우렛 시약(부록 참조) : 3g의 $CuSO_4 \cdot 5H_2O$와 9g의 타르타르산나트륨칼륨 500ml를 0.2N NaOH 용액에 용해시키고, 여기에 5g의 KI를 넣은 뒤 0.2N NaOH 용액으로 1L를 만든다. 미지시료용액.

(2) 기기 : 분광광도계.

방법

(1) 시험관(18×150mm) 8개에 각각 단백질 표준용액을 0, 0.2, 0.4, 0.8, 1.0, 2.0. 3.0mg을 넣고, 미지단백질 시료용액을 1mg를 넣고 물을 넣고 모두 3ml로 맞추어 준다.

(2) 각 시험관에 비우렛 시약 3.0ml를 가하여 잘 흔들어 준 다음 실온에서 30분 동안

놓아두었다가 540nm에서 흡광도를 측정한다.

(3) 2번부터 7번까지 시험관의 흡광도로부터 시험관 1번의 흡광도를 빼고, 그래프를 작성하고 미지시료 8번 농도를 측정한다.

Kjeldahl법에 의한 단백질의 정량

1. 실험의 목적

유기물의 총 질소량을 이용하여 단백질을 정량하여 본다.

2. 실험의 원리

Kjeldhal법은 단백질 또는 질소를 포함하는 유기물의 총 질소량을 정량하는 데 널리 이용되는 방법이다. 단백질을 $CuSO_4$와 같은 촉매의 존재 하에 진한 황산과 오랫동안 끓이면 질소는 모두 $(NH_4)_2SO_4$가 된다. 이 혼합물의 일정량에 과량의 NaOH를 넣고 증류하여, 이때 발생하는 암모니아를 H_3BO_3 용액에 흡수시킨 후 표준 산 용액으로 적정하여 질소의 양을 측정한다. 단백질은 평균하여 16%의 질소를 포함하고 있다. 1mg의 질소량은 6.25mg의 단백질을 의미한다.

3. 실험재료 및 방법

재료

(1) 시료 : 1g의 H_3BO_3를 25ml의 끓은 물에 녹인다.
지시약 : 0.1% 브로모크레졸 블루(Bromocresol-blue), 0.1% 메틸레드(Methyl-Red) 용액을 사용하는데 이들을 각각 95% 에탄올에 녹인 용액을 같은 부피로 섞어서 사용한다 ; 0.01N HCl, 진한 황산, 40% NaOH, 분해촉매−$CuSO_4$(1g)+K_2SO_4(9g)의 혼합물, 30% H_2O_2, Kjeldahl 플라스크.

(2) 기기 : 암모니아 증류장치, 적정기구.

방법

(1) 5mg 정도의 단백질을 함유하는 고체시료 또는 시료용액을 플라스크에 넣고 대조구 실험으로 물 5mg을 넣어, 함께 실험을 진행한다.
(2) 시료 물질에 1g의 분해촉매와 7ml의 진한 황산, 그리고 1ml의 H_2O_2를 차례로 넣어 준다.
(3) 처음 5분간은 약한 불로 가열하고. 이후에는 액이 투명한 푸른색을 띠게 될 때까지 1~2시간까지 세게 가열한다.
(4) 용액을 냉각시키고 20ml의 물을 조심스레 가한 후, 깔때기를 통해 증류관 속에 넣고 트랩을 장치한 수증기 발생기에 연결한다.
(5) 삼각플라스크에는 3방울의 혼합지시약을 탄 붕산용액 15ml를 넣어둔 후, 깔때기를 통해 40% NaOH 30ml를 가한 후, 10ml의 물로 씻어 넣고 이때 냉각기 끝이 붕산용액 속에 담기도록 주의한다.
(6) 80~100ml의 증류액을 받은 다음, 냉각기 끝이 플라스크의 액면 위에 오게 하여 수분간 증류를 계속하고 마지막으로 냉각기 끝을 소량의 물로 씻어낸다.
(7) 증류액이 분홍색을 띠기 시작할 때까지 0.01N HCl로 적정한다(적정값 xml). 한편, 시료 대신 대조구 실험을 한 적정값(yml)을 측정하여 시료용액에 사용한 적정부피에서 빼 준다(a).

계산

0.01 NHCl 1ml = 14/100mgN,
단백질 시료용액 1ml = 14/100mgN × a mg의 N,
시료용액 속의 총단백질량 = 14/100 × t × 6.25mg

4. 질문

(1) Bradford 단백질 정량법과 Kjeldahl 단백질 정량법의 차이점을 설명하시오.

5. 참고문헌

(1) Bojag, D. Edelstein, S.J., 1991, Protein methods, Wiley-Liss, New York.

(2) Boter R. F., 1986, Modern Experimental Biochemistry, Addison-Wesley Inc.

(3) 한국생화학회, 실험생화학, 3rd ed., 1999, 탐구당.

실험 11. Tyrosinase 단백질의 추출 및 정제

1. 실험의 목적

동물이나 식물에서 멜라닌 색소를 만드는 생합성 경로에서 tyrosine을 dopa amine으로 전환하는 tyrosinase 단백질(효소)을 추출하여 본다.

2. 실험의 원리

Tyrosinase 효소

기미, 주근깨 등 피부에 생기는 색소 침착은 표피 내에서의 멜라닌 색소의 증가에 기인한다. 멜라닌 색소는 표피기저층에 존재하는 melanocyte라 불리는 식물세포 내의 melanosome에서 생합성된다. 자연적으로 생산되는 멜라닌은 알칼리 난용성의 흑색 멜라닌과 알칼리 가용성의 황색 내지 적색 멜라닌의 혼합물이다. 그러나 아직까지도 멜라닌의 주된 생산과정은 tyrosine이 tyrosinase에 의해 산화되어 dopa, dopaquinone으로 변하고, 이것은 다시 dopachrome, 5,6-dihydroxy indole, indole 5,6-quinone을 형성하고, 최종적으로 중합에 의하여 멜라닌 중합체(melanin polymer)를 생성하는 것으로 알려져 있다.

멜라닌 색소

멜라닌 색소의 생산에 관여하는 인자로는 tyrosinase 외에도 dopachrome conversion factor, prostaglandin(PG), interferon(IFN), melanocyte stimulating hormone(MSH), vit D_3, Histamine 등이 보고되어 있다. 멜라닌 생성 억제물질은 크게 두 가지 type으로 분류하고 있다. 하나는 멜라닌 생성의 key enzyme인 tyrosinase 효소 자체를 억제하는 type이고, 다른 하나는 세포로부터 분리한 tyrosinase에 대해서는 직접적인 억제를 나타내지 않고 피부색소세포 내에서 멜라닌 생성을 억제하는 type이다. 후자는 tyrosinase의 합성억제(소의 태반 추출물), esculin, tyrosinase에 의한 성숙 과정의 저해(glucosamine, tunicamycin), 세포 독성(hydroquinone 등 각종 phenol, catechol 유도체) 등의 작용으로 대변된다. 이처럼 멜라닌 생성 메커니즘이 복잡하고 다원적이기 때문에 *in vitro*에서 tyrosinase 억제 실험결과만으로 멜라닌 생성 억제를 말하기에는 충분하지 않다.

3. 실험재료 및 방법

재료

(1) 시료 : 신선한 버섯(*Agaricus bisporus*) 20g, 100Mm sodium phosphate buffer pH 7.3, Triton X-114, 황산암모늄$(NH_4)_2SO_4$, glycerol.

(2) 기기 : high-speed blend, centrifuge.

방법

(1) 마트에서 파는 신선하고 성숙한 버섯 20g을 earth를 없애고, Pileus(갓)만을 수확하여 깨끗하게 씻고 3차 증류수로 헹구어 준다.

(2) 시료에 40ml의 100mM sodium phosphate를 넣고 high speed blend를 사용하여 잘 갈은 다음, 4℃ 및 10,000g에서 30분 동안 원심분리한다.

(3) 상등액은 4℃에서 보관하고 Triton X-114를 조금씩 첨가함으로서 최종 detegent 농도가 65%가 되게 넣어 준다.

(4) 시료를 4℃에서 10분간 놓아두고, 37℃ 인큐베이터에 옮겨서 10분 동안 놓아둔다.

(5) 시료가 커다란 응결체를 형성하면서 혼탁하게 변하게 되면, 실온에서 10,000g에서 15분간 원심분리한다.

(6) 상등액을 다시 모아서 남아 있는 페놀 성분을 분리하기 위하여 신선한 Triton X-114를 첨가하여 detergent의 최종 농도가 4%가 될 때까지 첨가한다.

(7) 다시 시료를 37℃로 옮겨와서 10분간 놓아둔 뒤 실온에서 10,000g에서 15분간 원심분리한다.

(8) 상등액을 분리하여 4℃에서 자석젓개로 저으면서 황산암모늄을 25%가 될 때까지 조

금씩 넣어 준다.

(9) 1시간 동안 놓아둔 뒤 4℃ 및 60,000g에서 30분간 원심분리한다.

(10) 침전물은 버리고 깨끗한 상등액을 모아, 황산암모늄을 4℃에서 1시간 동안 75%가 될 때까지 넣어 주면서 잘 저어준다.

(11) 25%와 75% 시료 침전물을 5,000rpm에서 20분간 원심분리하여 침전물을 얻는다. 최종으로 얻은 단백질 침전은 20%의 글리세롤을 포함하는 100mM sodium phosphate buffer, pH 7.3의 최소용액에서 녹이고 dialysis(투석)를 하여 염분을 제거한 후 −20℃에 저장한다.

(12) 단백질의 농도는 표준용법으로 BSA(Bovine Serum Albumin)를 사용하여 Bradford의 dye-binding 방법에 의해서 농도를 결정한다.

(BSA를 이용한 농도 결정법)

시료 : Bio-Red Protein dye, 100ml resuspension buffer(1mM DTT, 20mM MOPS, pH 7.0), Purified protein sample(P), BSA standards(1mg/ml).

(1) BSA(1mg/mL) 표준용액을 녹여 얼음 위에 놓아둔다.

(2) 100㎕의 정제한 단백질(P)을 시험관(10×75mm)에 취하고, 똑같이 다른 시험관에 resuspension buffer 100㎕를 취한다.

(3) 증류수를 0.9ml 넣고 각각 2개의 시험관으로부터 10㎕, 20㎕씩 2개씩을 취하여 둔다.

예)

BSA 표준용액		정제한 단백질		resuspension buffer	
0μ	0㎕	10㎕	10㎕	10㎕	10㎕
5㎕	5㎕	20㎕	20㎕	20㎕	20㎕
10㎕l	10μ				
10㎕	10㎕				

(4) 각각의 시료에 0.8ml의 증류수를 넣는다. 그리고 0.2ml의 dye를 넣어서 잘 흔든 다음, 5분 동안 실온에 놓아두고 595nm에서 Optical Density를 측정한다.

(5) (3)예의 결과분석

	BSA	O.D.	평균	
0	0.520	0.535	0.529	
5	0.878	0.793	0.836	0.307(0.836−0.529)
10	1.113	1.159	1.136	0.607
20	1.663	1.599	1.633	1.104

(6) BSA를 이용한 표준그래프를 Y축은 O.D., X축은 농도(μg) 구배로, standard curve를 그린다(그래프용지 이용).

(7) 정제한 단백질과 resuspension buffer로부터 표준 BSA curve를 이용하여 정제한 단백질의 농도를 계산한다.

정제한 단백질

10μl O.D.	평균 O.D.	(물의 O.D를 제거한 값)
1) 0.676 2) 0.689	0.678	0.678−0.529 = 0.149(2.3μg)

resuspension buffer

10μl O.D.	평균 O.D.	(물의 O.D를 제거한 값)
1) 0.606 2) 0.623	0.615	0.615−0.529 = 0.086(1.25μg)

정제한 단백질 농도 계산

2.30μg/10μl

10배 희석하였으므로 ×10

23.0μg/10μl

2300μg/ml

그러므로 정제한 단백질의 농도는 2.3mg/ml이고

resuspension buffer의 농도는 1.25μg/10μl이며

10배 희석하였으므로 ×10하면

12.5μg/10ul

1250μg/1ml

1.25mg/ml

마지막 최종 단백질의 농도는 단백질 농도에서 resuspension buffer의 농도를 빼 주어야 한다.

그러므로, 2.30mg−1.25mg = 1.05mg/ml

최종 얻은 정제된 tyrosinase의 농도는 ml당 1.05mg이므로 500㎕이면 0.525mg이 최종 획득한 단백질이다.

(정제한 단백질의 dialysis)

1) 튜브 준비

시료 : 5mM EDTA, 200mM sodium bicarbonate 용액, sodium azide

(1) 단백질 분자량을 튜브에 남겨둘 수 있는 적당한 크기의 튜브를 선택하여 튜브를 5~7cm 크기로 자른다.

(2) 잘라놓은 튜브를 2L 비커에 넣고 1L의 5mM EDTA, 200mM의 sodium bicarbonate 용액을 넣고 5분 동안 끓여준다.

(3) Bicarb/EDTA 용액을 버리고 튜브를 deionized water로 씻은 후, 다시 1L의 bicarb/EDTA 용액을 넣고 5분 동안 끓인다.

(4) bicarb/EDTA 용액을 버리고, deionzed water로 튜브를 잘 씻어준다.

(5) deionized water를 넣고 알루미늄 포일로 커버를 한 다음 4℃에 보관하여 사용한다.

2) 투석 셋팅

(1) 튜브를 신선한 deionized water로 잘 씻어서 한쪽 끝을 투석용 클립을 막고 다른 쪽을 장갑을 낀 손가락으로 열어서 투석할 시료를 파이펫(Pipetman)만으로 넣는다.

(2) 시료를 모두 넣고 난 후 거품과 공기를 제거한 후, 다른 한쪽을 투석용 클립으로 막는다.

(4) 튜브를 2~4L 정도 크기의 비커에 넣고 bicarb/EDTA를 넣고 냉장실에서 비커에 자석막대를 넣고 magnetic stirrer 위에 올려놓은 후 buffer를 잘 저어준다.

(5) 서너 시간이 지난 후에 buffer를 신선한 것으로 바꿔주고 밤새도록 투석을 시킨 후, 다음 날 아침에 투석한 단백질을 꺼내 O.D.를 측정하여 농도를 계산하고 시료를 냉동실에 보관한다.

4. 질문

(1) 단백질을 추출한 다음 투석하여 주는 이유를 설명하시오.

5. 참고문헌

(1) Kathy Barker, At the bench : a laboratory navigator, Cold Spring Harbour press, pp300-302.

(2) Nunez-Delicado, E., Bru, R., Sanchez-Ferrer, A., Garcia-Carmona, F. (1996) : TritonX-1140acided purification of latent tyrosinase. J. of Chromatogr. B 680 : 105-112.

실험 12. Tyrosinase 효소의 특성

1. 실험의 목적

멜라닌의 생성을 촉매하는 tyrosinsae 효소에 대한 억제 실험을 안정성이 확보된 식물추출물을 사용하여 효소의 작용을 측정하여 본다.

2. 실험의 원리

Tyrosinase 저해제

Throsinase 저해제로는 인체의 hiper-pigmentation 치료에 사용되는 4-hydroxyanisole, hydroquinone을 비롯하여, 4-hexylresorcinol, tropolone, cinnamic acid, benzoic acid, kojic acid 등이 보고되어 있으나 안정성과 경제성 등에 문제가 있어, 기존 저해제와 병용하고 있다.

천연 tyrosinase 저해제

1) 채소류, 과실류, 버섯류 등의 tyrosinase 활성 저해능

엽경채류에서 tyrosinase 저해능은 무순 > 레드치커리 > 냉이 > 쪽파 > 브로컬리 > 꽃양배추의 순으로 약 50% 이상의 높은 저해능을 보여 주었다. 근채류, 느타리버섯, 녹차, 홍차가 50% 이상의 높은 저해능을 보였고, 무는 100% 저해능을 나타내어 효소활성이 완전히 저해되고 멜라닌이 전혀 생성되지 않았다. 녹차 및 홍차의 경우 각각 89%, 80%의 비교적 높은 효소활성 저해능을 보였는데, 이는 차의 잎에서 추출된 페놀화합물 성분이 PPO(Polyphenol Oxydase) 효소활성을 저해한다는 결과와 관련이 있다.

과채류 및 과실류의 경우에는 홍고추 > 모과 > 아보카도 순으로 저해효과를 보였는데, 이들은 50%의 높은 저해능을 가진 것으로 나타났으며 과채류 중에서는 피망이 그리고 과실류 중에서는 유자, 레몬 등이 높은 저해능을 나타내었다.

2) 약용식물류 및 초본류의 tyrosinase 활성 저해능

약용식물의 경우는 오매 > 계피 > 복분자 > 상백피 > 측백엽 > 갈근 > 작약 > 산사자 등의 순서로 높은 효소활성 저해능을 보이며, 오매와 계피는 80% 이상의 높은 저해능을 나타내었다. 이들 저해활성이 높은 약용식물은 작약을 제외하고 모두 식품위생법상 자가 기준 규격을 정하여 제조 및 가공식품의 원료로 사용할 수 있는 동식물의 범위에 포함되어 있으므로, 사용하고자 하는 식품 또는 개발하고자 하는 식품과 향미만 어울린다면 식품 성분으로 사용하는 데 전혀 문제가 없다.

초본류에 있어서는 올스파이스와 정향이 80% 이상의 높은 저해능을 보였고, 겨자, 로즈마리, 오레가노, 감초, 타임이 10~20%의 저해효과를 보였다. 한편, 약용식물 중에서는 천궁, 하수오, 사인, 삼백초, 율무, 영지, 사상자, 결명자가 초본류에서는 유칼리, 향채, 터메릭, 마조람, 세이지가 475nm에서 흡광도를 증가시키는 것으로 나타났다.

3. 실험재료 및 방법

재료

(1) 시료 : 식물 추출물

잎 채소류 : 20g의 채소류(무순(radish bud), 레드치커리(red chicory), 냉이(Shepherd's purse), 쪽파(small green onion), 브로컬리(Broccoli), 꽃양배추(Cauliflower), 파슬리(Parsley), 쑥갓(Crown daisy), 시금치(Spinach), 상추(Oriental lettuce).

뿌리 채소와 버섯류, 다류 : 무(Chinese redish), 마늘(garlic), 팽이버섯(Nameko), 표고버섯(Shitake), 느타리버섯(Oryster mushroom), 녹차(Green tea), 홍차(Black tea).

열매채소와 과일류 : 홍고추(Red pepper), 모과(Chinese quince), 아보카도(Avocado), 피망(Green Pimento), 유자(citron), 매실(Plum), 레몬(Lemon).

허브와 약용식물 : 오매(Mume Fructus), 계피(Cinnamomi Ramulus), 복분자(Rubi Fructus), 상백피(Mori cortex), 측백엽(Biotae orientalis Folium), 갈근(Puerariaeradix), 작약(Peony Root), 올스파이스(Allspice), 정향(Clove), 겨자(Mustard), 로즈 마리(Rosemary), 오레가노(Oregano), 감초(Licorice), 타임(Thyme).

시약 : 0.175M Phosphate buffer(pH 6.8), 5mM L-DOPA(L-3,4-ihydro-xypheny-lalanine), mushroom tyrosinase(110units/ml), 1N NaOH, {4-hexyl-resorcinol, L-cysteine, glutathione, sodium bisulfate, kojic acid, benzoic acid(sigma)}

(2) 기기 : 수조, Spetrophotometer, 믹서기.

방법

(식물시료 추출)

(1) 생물재료는 신선한 것이 좋고 사용하지 않을 때에는 액체질소를 사용하여 냉동 후 −70℃에 저장한다.

(2) 채소류 또는 과실류 등의 생물 20g에 증류수 100ml를 넣고, 믹서기로 수분간 잘 마쇄한다.

(3) 시료에 1N NaOH 또는 1N HCl을 넣고 pH를 6.8로 조정한다.

(4) 시료를 12,000xg에서 20분간 원심분리한 다음 상등액을 추출시료로 사용한다.

(Tyrosinase 활성 저해능 실험)

(5) 35℃ 수조를 미리 준비하여 온도를 적절하게 맞춘 다음 실험시료를 준비한다.

(6) 시험관(10×75mm)에 0.2ml의 0.175M phosphate buffer(pH 6.8)를 넣고, 0.2ml의 L-DOPA 용액을 넣고 추출시료 0.5ml를 넣고 잘 섞은 다음, mushroom tyrosinase (110unit/ml) 0.1ml를 첨가하여 35℃에서 2분간 반응시킨다.

(7) 대조구 실험으로 효소액 대신에 증류수 0.5ml를 첨가하여 다른 시료들을 넣고 똑같이 반응시켜 475nm에서 시료의 흡광도(S_{Abs}) 대조구의 흡광도(C_{Abs})를 측정하고, 효소액 대신에 증류수 0.1ml를 첨가하여 흡광도를 측정한 값(B_{Abs})을 얻는다.

(8) Tyrosinase에 대한 저해효과를 비교하기 위하여 상업적으로 알려진 tyrosinase 저해제인 4-Hexylresorcinol과 L-cysteine을 10^{-4}mM 농도로 사용하고, Kojic acid와 Benzioc acid를 10^{-3}mM을 사용하여 추출물과 저해 효능을 비교한다.

(9) 저해효과는 각 시료의 흡광도를 측정한 후 다음 식을 이용하여 저해효과를 계산한다.

저해효과(Inhibition effect(%)) = $\{1-(S_{Abs}-B_{Abs})/C_{Abs}\}\times 100$

4. 질문

(1) Tyrosinase유전자를 이용한 기능성 미백크림에 대한 분자생물학적인 방법을 설명하여 보시오.

5. 참고문헌

(1) Jung, Sung-won, Lee Namkyung, Kim, Seok Joong, Han, Daeseok(1995).

(2) Tyrosinase 활성을 저해하는 식물체 탐색. Korean J. Food Sci. Technol 27 : 891-896.

(3) Cho, Su-min, Kim, Jee-Hun, lee, Min-won(2001) Inhibitory effects of tannis on tyrosinase activity. Kor. J. Pharmacogn. 32 : 68-71.

실험 13. 당의 정성 분석

Benedict 시험에 의한 당의 분석

1. 실험의 목적

음식물에 함유된 당의 양을 침전물의 양이나 색에 의해 추정하여 본다.

2. 실험의 원리

탄수화물은 단당류, 이당류, 다당류로 분류된다.

1) 단당류

단당류는 둘 또는 그 이상의 히드록실기를 가진 알데히드 또는 케톤이다. 실험식은 $(CH_2O)_n$이고 삼탄당, 사탄당, 오탄당, 육탄당 등이 있고 대표적인 육탄당은 글루코오스, 프럭토스 등이 있다.

2) 이당류

이당류는 O-글리코시드 결합으로 연결된 2개의 당으로 구성되고, 풍부하게 존재하는 세 가지 이당류는 sucrose(글루코오스+프럭토스), lactose(갈락토스+글루코오스), maltose(글루코오스+글루코오스)이다.

3) 다당류

다당류는 단당류의 중합체로서 글리코겐, 녹말(아밀로스, 아밀로펙틴), 셀룰로오스 등이 있다.

당의 환원성

당은 카르보닐 화합물(Pyranose, furanose의 카르보닐기)의 형태를 가진다. 단당류와 알데히드기를 가진 이당류는 Cu^{2+}이온과 같은 산화제를 쉽게 환원시킨다. Benedict 용액은 황산구리, 탄산나트륨 및 시트르산나트륨을 포함하고 있다. Benedict 용액은 매우 안정하며 혈액과 소변 중의 당을 병리학적으로 검출하는 데 폭넓게 이용된다. 존재하는 당의 양은 침전물의 양이나 색에 의해 추정될 수 있기 때문이다.

3. 실험재료 및 방법

재료

(1) 시료 : Glucose, Arabinose, Fructose, Lactose, Sucrose, Glycogen, 감자 엑기스 (또는 전분용액).

Benedict solution(부록 참조) : 1.73% copper sulfate, 10% sodium carbonate, 17.3% sodium citrate in 100ml.(sodium citrate와 sodium carbonate는 약간의 열을 가하면서 용해).

(2) 기기 : 시험관.

방법

(1) 시험관에 1%의 Glucose, Arabinose, Fructose, Lactose Sucrose, Glycogen, 감자 엑기스용액을 1ml씩 넣고 대조구용액은 3차 증류수로 한다.

(2) 각 시료와 대조구용액에 Benedict 용액을 5ml씩 가한다.

(3) 모든 시험관을 끓는 물중탕(70~80℃)에 넣고 20분간 중탕한다.

(4) 각 시험관 시료의 색을 관찰하고 침전이 생성되는지 관찰하고 기록한다.

Barfoed 시험에 의한 당의 분석

1. 실험의 목적

존재하는 당의 양을 침전물의 양이나 색에 의해 추정하여 본다.

2. 실험의 원리

Barfoed 시약(아세트산구리(Ⅲ)를 포함하는 묽은 아세트산 용액)은 환원 단당류와 환원 이당류를 구별하는 데 사용된다. 이 시험은 Benedict 시험이 염기용액에서 진행되는 데 반하여 산성용액에서 산화 환원 반응을 일으킨다. 같은 시간 동안 단당류만이 시약 중의 Cu^{2+}이온을 환원시킨다. 반응시간은 Cu_2O의 생성 속도에 의해 결정된다. 단당류가 반응성이 큰 것은 아마도 분자 크기가 작기 때문일 것이다.

3. 실험재료 및 방법

재료

(1) 시료 : Glucose, Arabinose, Fructose, Lactose, Sucrose, Glycogen, 감자 엑기스.
 Barfoed solution(부록 참조) : 6.65% copper acetate in 0.9% acetic acid (200ml 증류수, 13.3g의 copper sulfate 1.8ml의 acetic acid).
(2) 기기 : 시험관.

방법

(1) 시험관에 1%의 Glucose, Arabinose, Fructose, Lactose, Sucrose, Glycogen, 감자 엑기스를 1ml 씩 넣고 대조구용액은 3차 증류수로 한다.
(2) 각 시료와 대조구용액에 Barfoed 용액을 5ml씩 가한다.
(3) 모든 시험관을 끓는 물중탕(70~80℃)에 넣고 10분간 중탕한다.
(4) 각 시험관 용액의 색을 관찰하고 침전이 생성되는지 관찰하고 기록한다.

Seliwanoff 시험에 의한 당의 분리

1. 실험의 목적

당의 환원성에 의한 방법과 진한 산으로 처리한 탈수반응을 이용하여 탄수화물을 분석하여 본다.

2. 실험의 원리

뜨거운 염산에 의한 탈수반응은 Aldohexose보다 Ketohexose에서 훨씬 빠르게 진행된다. 동일한 반응시간 동안 탈수화된 케토헥소오스는 레소시놀(Seliwanoff 시약에 포함된)과 반응하여 선명한 붉은색의 축합 생성물을 형성한다. 반면 알도헥소오스는 옅은 분홍색을 나타낸다. 그러므로 Seliwanoff시험은 프록토오스(케토헥소오스)를 글루코오스, 만노오스 및 갈락토오스(알도헥소오스)와 구별하는 데 유용하다.

3. 실험재료 및 방법

재료

(1) 시료 : Arabinose, Xyrose, Fructose, Lactose, Sucrose, Glycogen, 감자 엑기스, 3차 증류수.

Seliwanoff solution : 0.055% resorcinol in 17.5% HCl (35% HCl 50ml, 증류수 50ml, 0.055g의 resorcinol).

방법

1. 시험관 8개를 준비하여 레이블링하고 1%의 Xylose, Arabinose, Fructose, Lactose, Sucrose, Glycogen 및 감자 엑기스 용액 1ml를 각각 시험관에 취하여 레이블링한다.
2. 대조구 실험은 3차 증류수를 시험관에 취한다.

3. 각 시험관에 Seliwanoff 시약을 3ml씩 넣어서 잘 흔들어 준다.
4. 각 시험관을 중탕기에 1분 정도 중탕한다. 중탕하는 동안 양성반응이 일어나는 당류가 어느 시험관인지 지켜본다.
5. 1분 이후에서 5분까지 중탕시간을 늘여주면서 양성의 변화를 나타내는 시험관을 관찰한다.

Bial 시험에 의한 당의 분리

1. 실험의 목적

당의 환원성에 의한 방법과 진한 산으로 처리한 탈수반응을 이용하여 분당을 분리한다.

2. 실험의 원리

Bial 시험은 펜토오스와 펜토오스 당을 포함하는 뉴클레오티드를 결정하는 가장 중요한 시험법이다. 이 시험은 펜토오스로부터 생성된 퍼퓨랄이 Fe^{3+}이온의 존재 하에서 오르시놀과 반응하여 녹청색의 화합물을 만드는 것을 이용한 것이다. 이 반응은 트리오스, 요산 및 일부 헵토오스들도 청색이나 녹색 생성물을 만들므로 헥소오스로부터 만들어진 히드록시메틸퍼퓨랄은 오르시놀과 반응하여 황갈색 화합물을 만든다. 따라서 Bial 시약을 첨가한 후 나타나는 색을 관찰함으로써 펜토오스와 헥소오스를 구별할 수 있다.

3. 실험재료 및 방법

재료

(1) 시료 : Arabinose, Amyl alcohol, Xylose, Fructose, Lactose, Sucrose, Glycogen, 감자 엑기스, 3차 증류수.

Bial solution : 0.3% Orcinol, 0.025% Ferric chloride in concentrated HCl (ferric chloride는 진한 염산용액에 10% 용액을 만들어 넣는다).

(2) 기기 : 시험관.

방법

(1) 시험관 8개에 1% Arabinose, Xylose, Fructose, Lactose, Sucrose, Glycogen, 감자 엑기스 용액을 2ml씩 넣고 대조구 실험으로 3차 증류수를 사용한다.
(2) 각 시험관에 Bial 시약을 3ml씩 넣어서 잘 흔들어 준다.
(3) 각 용액이 끓는 온도 직전까지 Bunsen 불꽃으로 각 시험관을 조심스럽게 가열한다.
(4) 각 시험관에서 생성된 색의 변화를 관찰한다.
(5) 뚜렷한 색의 변화가 관찰되지 않으면 5ml의 증류수와 1ml의 아밀 알코올을 넣고 잘 흔들어 준다.

4. 질문

(1) 이당류와 단당류를 구별하는 탄수화물 확인 방법은 어떤 시험방법을 사용하여야 하나요?
(2) Benedict 시험방법과 Barfoed 시험방법의 차이점은 무엇인가요?
(3) Barfoed 시험방법으로 1%의 Sucrose 용액을 확인하여 양성반응을 나타내었다. 그 이유를 설명하여 보시오.

5. 참고문헌

(1) 손기남, 홍남주, 생물유기화학 실험, 2001, 미학사.
(2) 한국생화학회, 실험생화학, 3판, 1999, 탐구당.

실험 14. 크로마토그래피 방법에 의한 당의 분리

종이 크로마토그래피(Paper Chromatography)에 의한 방법

1. 실험의 목적

화합물의 이동한 거리에 따른 R_f 값을 이용하여 당을 분리하여 본다.

2. 실험의 원리

종이 크로마토그래피에서는 분석하려고 하는 화합물이나 혼합물의 용액을 거름종이(Whatman No.1)의 한쪽 끝에 파이펫 팁을 이용하여 점적한다. 화합물이 이동하는 거리는 용매에 대한 친화도와 거름종이에 대한 친화도 및 용매가 거름종이로부터 화합물을 떼어내는 정도에 달려 있다. 대부분의 유기 화합물들은 요오드 증기와 접촉하면 갈색을 나타낸다. 아닐린과 프탈산의 혼합 용액은 탄수화물을 발색시키는 데 이용되며 이것은 페놀 유도체들이 퍼퓨랄과 반응하는 것과 유사하다.

종이 크로마토그래피에서의 R_f 값

크로마토그램이 건조되고 발색 처리된 다음 각 성분들의 이동거리를 측정하여 용매가 이동한 거리와의 비인 R_f 값을 계산한다. 특정 화합물에 의한 R_f 값은 동일한 조건에서는 항상 같은 값을 나타내지만, 혼합용매의 조성이 약간만 변해도 R_f 값이 크게 달라진다. 혼합물의 성분은 이미 알고 있는 물질의 R_f 값과 비교하여 확인할 수 있는데, 실제로 알고 있는 물질과 미지시료의 반점을 나란히 배열시켜 동시에 전개하여야만 정확한 비교를 할 수 있다. 탄수화물은, 특히 당류, 분자량과 작용기들이 매우 비슷하여 일반적인 방법으로는 분리하기 어렵다. 탄수화물을 종이 크로마토그래피로 분리하려면 생체 시료에서 염을 완전히 제거해야 한다. 본 실험에서 우리는 세 가지 이상의 당을 사용하여

R_f 값을 결정하고 이들 중 한 두 가지가 포함된 미지용액의 R_f 값을 비교하여 확인하고자 한다. 몇 가지 탄수화물의 R_f 값은 다음과 같다.

몇 가지 탄수화물의 R_f 값		
D-Ribose 0.31	D-Mannose 0.20	Sucrose 0.14
D-Xylose 0.28	D-Glucose 0.18	Maltose 0.11
D-Fructose 0.23	D-Galactose 0.16	Lactose 0.09

3. 실험재료 및 방법

재료

(1) 시료 : Butanol, Acetic acid, Fructose, Glucose, Maltose, Lactose, 미지시료, 프탈산, 아닐린, 3차 증류수.

(2) 기기 : 파이펫 팁, 거름종이(Whatman No.1), 오븐.

방법

(1) PC 전개통에 전개용매[부탄올-아세트산-물(4 : 1 : 5), v/v)]를 높이가 2cm 정도가 되도록 붓는다. 뚜껑을 덮고 15분 동안 기다려서 전개용매가 평형에 도달하도록 한다.

(2) 거름종이(Whatman No.1)의 아래쪽에서 2cm 위에 연필로 줄을 그어준다. 이 줄 위에 1cm 간격으로 6개의 점을 Fructose(F), Maltose(M), Lactose(S), 미지시료(X), 3차 증류수로 표시한다.

(3) 파이펫 팁으로 각 당 용액을 해당하는 위치에 점적한다. 점적의 크기는 여러 번 겹쳐 만든다.

(4) 거름종이(Whatman No.1)를 전개용매에 잠기도록 하고, 이때에 시료 반점이 전개용

매에 잠기지 않도록 한다.

(5) 전개는 1시간 정도 진행시킨다.

(6) 거름종이를 용매에서 꺼낸 다음, 용매 선의 위치를 연필로 표시하고 공기 중에 마르도록 후드에 놓아둔다.

(7) 프탈산과 아닐린의 혼합용액을 거름종이에 축축해지도록 분무한다. 혼합용액이 흘러내리지 않도록 많이 분무하지 않아야 한다.

(8) 거름종이를 110℃의 오븐에 넣고 10~15분간 말려 발색시킨다.

(9) 발색된 spotting의 모양을 연필로 표시해 둔다.

(10) 용매선과 기준선의 거리와 각 반점의 중심에 점을 찍어 기준선과의 거리를 측정한다.

(11) 각 당의 R_f 값을 구하고 미지시료의 성분을 확인한다.

TLC(Thin Layer Chromatography)에 의한 당의 분리

1. 실험의 목적

탄수화물 혼합물을 빠르게 분석할 수 있는 TLC를 이용하여 탄수화물 혼합물을 분리하고자 한다.

2. 실험의 원리

TLC는 플라스틱이나 유리판 위에 실리카겔이나 알루미나와 같은 고체 물질을 얇게 코팅하여 사용하는 점에서 종이 크로마토그래피와 구별된다. TLC와 종이 크로마토그래피는 일반적으로 유기화합물을 분리하는 데 이용된다. 그 원리는 분자의 극성 차이를 이용한 것이며, 극성이 큰 화합물일수록 이동거리가 짧다. 극성 화합물은 일반적으로 유기용매에 대한 용해도가 작다. 그들은 비극성 화합물보다 실리카겔, 알루미나, 또는 거름종이에 강하게 결합하여 느리게 이동된다.

미세의 결정상의 셀룰로오스와 실리카겔은 고정상으로 특히 유용하게 쓰인다. 셀룰로오스는 본질적으로 액체-액체 분할에 의해 분리되며 당은 이동상과 물이 결합된 셀룰로오스 사이에 분포된다. 여기서 물이 결합된 셀룰로오스는 용액에서 당의 용해도에 의존하며, 혼합물이나 고정상의 구조에 쉽게 들어갈 수 있다. 일반적으로 셀룰로오스 TLC는 분리되어 나오는 시간이 짧고 감도가 증가된다는 점에 있어서 종이 크로마토그래피와 같은 특징을 갖는다. 실리카겔은 흡착제가 첨가된다는 것을 제외하고는 셀룰로오스와 같은 원리에 의해 분리한다. 이런 경우에 무기염류의 선택은 대체적으로 탄수화물 분석에 영향을 미친다.

TLC판(plate)이 만들어져 시중에 나와 있는데 만들어 사용하는 판보다 사서 사용하는 것이 더 효과적이다. 이는 뛰어난 재생력과 보호시약에 대한 높은 민감도를 갖기 때문이다. 그리고 미리 코팅된 판은 강한 결합력 때문에 여러 번 전개시킬 수 있고, 표면의 손상없이 시약을 사용할 수 있다. 매우 단순한 당 혼합물 분리를 위한 TLC를 하기 위해서는 적당한 용매를 선택하는 것은 쉬운 일이 아니다.

3. 실험재료 및 방법

재료

(1) 시료 : Butanol, Acetic acid, Fructose, Glucose, Maltose, Sucrose, 미지시료, 프탈산, 아닐린, 3차 증류수, 아세톤.

(2) 기기 : 파이펫 팁, TLC plate, 후드, 오븐, TLC 전개통.

방법

(1) TLC 전개통에 분리하고자 하는 당의 전개용매를 100ml를 붓는다. 뚜껑을 덮고 15분 동안 기다려서 전개용매가 평형에 도달하도록 한다.

(2) TLC plate의 아래쪽에서 1cm 위에 연필로 줄을 긋는다. 이 줄 위에 1cm 간격으로 5개의 점을 Fructose(R), Glucose(G), Maltose(M), Sucrose(S), 미지시료(X), 3차 증류수로 표시한다.

(3) 파이펫 팁으로 각 당 용액을 해당하는 위치에 점적한다. spot의 크기는 여러 번 겹쳐 만든다.

(4) TLC plate가 전개용매에 잠기도록 하고, 이때에 시료가 전개용매에 잠기지 않도록 하고 테이프 이용하여 뒷면의 종이에 잘 고정한다.
(5) 전개는 50분 정도 진행시킨다.
(6) TLC plate를 용매에서 꺼낸 다음 용매 선의 위치를 연필로 표시하고 후두에 3시간 동안 말린다.
(7) 검출 시약을 사용하여 당의 종류에 따라 다음과 같이 검출한다.

*** 디페닐아민/아닐린/인산 검출용액**

– 아세톤 80ml에 디페닐아민을 4g을 용해시킨 다음 전체 용액이 100ml가 되도록 아세톤을 넣는다.
– 아세톤 96ml에 아닐린 4ml를 넣어 잘 섞는다.
– 85% 인산 20ml를 준비한다.

a. 사용하기 전에 세 가지 용액을 혼합한다.
b. 혼합액을 판에 뿌려 공기 중에 건조시킨 후, 10분 동안 100℃로 가열한다. 2~4분 후면 색이 나타난다. Aldose, Ketose, 데옥시당, 올리고당, 요산에 사용한다.
c. PC를 에틸아세테이트 25ml에 디페닐아민 0.15g을 용해시킨 시약에 담근다. 여기에 아닐린 0.8ml와 에틸아세테이트 75ml를 첨가한다. 마지막으로 물 1.0ml와 진한 인산 10ml를 첨가한다.
d. 건조된 크로마토그래피 용지를 시약에 넣어 적시고 건조시킨 다음, 배경색이 희미한 회색이 될 때 까지 95~100℃ 열로 가열한다.

*** 나프토레소르시놀/에탄올/황산 검출용액**

a. 95% 에탄올 100ml에 나프토레소르시놀(나프탈렌-1,3-디올) 0.2g을 녹여 용액 A를 준비한다. 배경색을 옅게 하기 위해서 디펠닐아민 0.4g을 첨가한다.
b. 사용하기 바로 전에 9ml 용액 A에 진한 황산 40ml를 조심스럽게 첨가하여 분무 시약을 만든다.
c. 준비한 시약을 판에 뿌린 다음 100~150℃에서 5분간 가열한다.
d. 이러한 분무 시약은 Aldose, Ketose, 요산, 디옥시당, Glycoside, 올리고당에 사용

된다. 이것은 실리카 TLC에만 사용될 수 있다. 이것은 탄수화물 종류마다 구별되는 다양한 색을 갖는다. Aldose는 파랑색 또는 보라색 점으로 나타나고, Ketose는 분홍색 또는 붉은색 점으로, 요산은 독특한 푸른색 점으로 나타난다. 프탈산과 아닐린의 혼합 용액을 거름종이에 축축해지도록 분무한다. 혼합용액이 흘러내리지 않도록 많이 분무하지 않아야 한다.

Polysaccharide 분석의 일반적인 방법

다당류는 단당류가 Glycoside 결합에 의해서 이루어진 고분자로 크기도 매우 다양하여 선형, 가지형, 환상형 또는 이들의 조합으로 구성되어 있다. 또한 단일한 종류의 당으로 이루어진 Homopolysaccharide와 2개 이상의 서로 다른 당으로 구성된 Heteropoly-sacharide로 나누어진다. 자연계에 존재하는 다당류는 일반적으로 생체의 골격을 유지하는 것이 주 기능이지만 당의 조성과 구조에 따라 화학적, 생화학적 성질이 달라진다.

다당류의 정량은 우선 가수분해시켜 각 구성 당을 유리시키는 것이 우선이다. 이것은 보통 60℃에서 진한 염산으로 30분간 가수분해시켜 적당한 시험 방법으로 단당류를 정한다.

Polysaccharide의 일차적 구조분석에 있어서는 당의 조성, Glycoside 결합의 위치 및 배열(α, β 및 D, L) 등이 결정되어야 한다. 그리고 당에 결합되어 있는 기능기(아세틸기, 메톡시기, 피루베이트기, 황산기, 인산기)가 존재하는지 확인되어야 한다. 그래서 메틸화와 과요오드산화(periodate oxidati on) 반응이 널리 사용된다(Smith 분해 반응). 과요오드 산화 반응은 2개의 히드록실기가 이웃하고 있거나, 1개의 히드록실기가 Aldehyde 또는 Ketone과 이웃하고 있을 때, 산화와 탄소-탄소간의 결합의 분해를 동시에 가져온다. 또 이 반응은 Ketose와 Aldose의 구조가 다르기 때문에 2개를 구별하는데 사용한다. 또한 단당류와 배당체가 요오드산과 같은 방법으로 반응하지 않기 때문에 다당류에서 구조, 결합, 배열 등에 관한 정보를 알리는 데 이용된다. 과요오드 산화 반응의 목적은 사용된 요오드산 염의 몰수를 측정함으로써 이웃하는 히드록실기의 수를 추정할 수 있으며 구조적 골격을 예측할 수 있다. 이 반응에서 사용된 요오드산염의 양은 적정법이나 분광법으로 측정이 가능하다. 생성된 알데히드는 붕산화수소나트륨으로 환원시켜 안정한 화합물로 만든 후 가수분해시켜 구조를 결정할 수 있다.

4. 질문

(1) 종이 크로마토그래피로 D-글루코오스와 L-글루코오스를 어떻게 구별할 수 있는지 설명하여 보시오.

(2) 원점에 그대로 남아 있는 화합물의 R_f 값은 얼마인가요?

5. 참고문헌

(1) Chaplin, M. F. 등 편저, Carbohydrate Aalysis, 2nd ed., IRL press.

(2) 손기남, 홍남주, 생물유기화학실험, 2001, 미학사.

(3) 한국생화학회, 실험생화학, 3판, 1999, 탐구당.

실험 15. 지질의 알칼리 가수분해반응

1. 실험의 목적

동물성 지질과 식물성 지질을 알칼리로 가수분해하여 변화를 비교·관찰하여 본다.

2. 실험의 원리

대사 에너지의 저장형인 트리아실글리세롤은 중성지방(neutral fat) 또는 트리아실글리세리드(triacylglyceride)라 한다. 트리아실글리세롤은 알칼리에 의해 글리세롤과 비누분자로 되고 단순지질이라 불린다.

트리아실글리세롤

트리아실글리세롤은 무극성이 매우 커서 거의 무수상태로 저장되어 있지만 단백질과 탄수화물은 극성이 훨씬 크기 때문에 많이 수화되어 있다. 실제로 1g의 건조한 글리코겐은 약 2g의 물과 결합한다. 1g의 거의 무수상태의 지방은 1g의 수화된 글리코겐보다 6배의 에너지를 저장한다. 이것이 진화에서 글리코겐 대신에 트리아실글리세롤이 주요한 에너지 저장형으로 선택된 이유이다.

동물성 지질과 식물성 지질의 차이

동물성 지질은 포화지방산을 함유하고 있는 데 반해 식물성 지질은 1개 이상의 이중결합을 가진 불포화지방산을 많이 함유하고 있다. 불포화지방산의 이중결합을 환원시키면 액체인 식물성 유지가 고체로 변한다. 할로겐 원소는 불포화지방산의 이중결합에 쉽게 첨가된다.

3. 실험재료 및 방법

재료

(1) 시료 : 동물성 지질-버터

식물성 지질-현미유, 올리브유

지방-스테아르산, 올렌산(에테르에 녹인다)

10% 알코올성 수산화칼륨(KOH) 용액, 진한 염산(HCl), 1% 에탄올 용액에서의 페놀프탈레인 지시약, 0.1N NaOH 용액, 5% $MgCl_2$, 5% $CaCl_2$ 용액, 글리세롤, 트라이아실글리세롤, $KHSO_4$, 3% $AgNO_3$, 2N 암모니아수, 브롬수-10ml의 물에 2~3방울의 브롬을 녹인다.

(2) 기기 : 시험관, 페스쳐 파이펫.

방법

(알칼리 가수분해반응)

(1) 시험관 1, 2, 3에 트리글리세롤, 버터와 올리브유 1ml씩 넣고, 1ml의 KOH 용액을 가한다.

(2) 시료를 분젠버너 위에서 1분 정도 가열한 다음, 10ml의 물을 넣고 5분간 끓여서 실온에서 식혀 준다.

(3) 진한 염산을 5방울 정도 떨어뜨려 용액이 산성이 되도록 하고 지방산을 분리하여 다른 시험관으로 옮겨 보관한다.

(4) 시료에 0.1N NaOH를 조금씩 가하여 지방산을 완전히 용해시킨다(비누용액).

(5) (4)에서 얻은 시료(비누용액)를 시험관 4, 5, 6에 각각 2ml씩 넣고 바탕시험(시험관 7)에는 물을 2ml 취한다.

(6) 각각 4개의 시험관에 진한 염산을 몇 방울 가하여 어떤 변화가 일어나는지 관찰한다.

(7) 또 다른 두 세트의 4개의 시험관에 비누용액 2ml씩 넣고, 5% $MgCl_2$, 5% $CaCl_2$ 용액을 몇 방울 떨어뜨려 불용성 침전이 생기는지 관찰하여 본다.

(8) 또 다른 4개의 시험관에 유리지방산을 확인하기 위하여 대조구 스테아르산(또는 올

렌산)의 에테르 용액 1ml와 버터, 올리브유 1ml에 대하여 2~3방울의 페놀프탈레인 용액을 가한 0.1N NaOH 용액을 떨어뜨려 주면서 색깔의 변화를 비교 관찰한다.

(글리세롤의 검출)

(9) 시험관 4개에 $KHSO_4$를 1ml 정도를 넣고, (4)의 비누용액 500ul와 물 1ml를 바탕시험으로 하고, 다른 시험관에 각각의 시료(버터, 올리브유, 트리글리세롤) 500㎕를 가한 후 $KHSO_4$를 1ml 정도를 넣고 천천히 가열하여 냄새를 맡아본다.

특이한 냄새가 나는 시험관은 글리세롤이 생성된 것이므로 시험관을 표시하여 둔다. 글리세롤이 생성되었으면 $KHSO_4$와 함께 가열하였을 때 특이한 냄새를 가진 아크롤레인(아크릴 알데히드)이 생성된다.

* 확인 : 3%의 $AgNO_3$ 용액을 소량 넣은 시험관에 2N 암모니아수를 1방울씩 떨어뜨려 침전이 다시 녹을 때까지 암모니아수를 가한 후, 이 용액을 묻힌 기름종이를 아크롤레인의 냄새가 나는 시험관들의 입구에 대어 흑색으로 변하는지 확인한다.

(유지의 불포화도 시험)

(10) 각각의 시험관에 버터, 올리브유, 현미유, 스테아르산, 올렌산을 각각 1ml씩 넣고 각 시료에 클로르포름 용액을 소량씩 넣고 잘 흔들어 준다. 여기의 각 시험관에 할로겐물질인 브롬수를 1방울씩 가하면서 탈색되는지를 관찰한다.

4. 질문

(1) 각 시료에서 지방산이 유리되는 식을 써 보시오.
(2) 아크롤레인을 확인시 $AgNO_3$ 용액을 묻힌 종이가 흑색으로 변하는 이유를 설명하여 보시오.

5. 참고문헌

(1) Biochemistry, Lubert Stryer, 4th.
(2) 한국생화학회, 실험생화학, 3판, 1999, 탐구당.

실험 16. 지질의 비누화 값의 결정

1. 실험의 목적

여러 지질의 비누화 값을 실험을 통하여 계산하여 본다.

2. 실험의 원리

비누화 값

지질 1g이 완전히 가수분해되었을 때 유리되는 지방산을 중화시키는 데 필요한 KOH의 mg 수를 유지의 비누화 값(Saponification value)이라 한다. 지질의 지방산 성분의 탄소수가 많을수록 지질 1g 중에 들어 있는 지방산의 분자수는 적을 것이므로, 비누화 값은 지질의 지방산 조성을 비교하는 하나의 척도가 된다. 긴 사슬 지방산을 포함하는 지질은 짧은 사슬 지방산으로 이루어진 지질에 비해 작은 비누화 값을 갖는다. 결과적으로 비누화 값은 지방산 사슬의 평균 길이에 역비례하여 변한다. 예를 들어 버터는 상대적으로 많은 부티르산을 포함하므로 모든 지방과 기름 중에서 가장 높은 비누화 값을 갖는다. 한편 수지(동물성 지질)는 스테아르산을 많이 포함하여 낮은 비누화 값을 갖는다. 비슷한 이유로 불포화된 C_{18} 지방산을 포함하는 지질 역시 낮은 비누화 값을 갖는다.

3. 실험재료 및 방법

재료

(1) 시료 : 트리스테아린, 올리브유, 버터, 0.5N KOH 알코올, 비등석, 0.520N HCl.

(2) 기기 : 플라스크, 시험관.

방법

(1) 250ml의 삼각플라스크 4개를 준비하고 레이블링을 한 다음에 트리스테아린, 올리브유, 버터를 5ml씩, 대조구 시험관에는 물 5ml를 각각의 플라스크에 넣는다.
(2) 4개의 플라스크에 0.5N KOH 용액을 50m씩 넣는다.
(3) 각 플라스크에 비등석을 몇 조각씩 넣고 활유 냉각기를 장치한다.
(4) 30분간 활유시키고 각 플라스크에 냉각기를 제거하고 식힌 뒤, 1% 페놀프탈레인 용액을 1ml씩 넣는다.
(5) 각 플라스크를 1.52N HCl 용액으로 적정한다.
(6) 염산 용액의 부피를 기록하고, 이 양은 비누와 반응해 사용되지 않은 KOH의 양을 의미하며 이러한 반응을 역적정이라 한다.
(7) 대조구 시험관의 자료를 이용하여 3개의 플라스크에 대한 비누화 값을 계산한다.

* 비누화 값 계산의 예 : 지질 1g을 비누화하는 데 소비된 0.5N KOH의 ml 수를 계산하고, KOH의 화학식량은 56이고 1M의 트리글리세리드는 3M의 지방산을 유리하므로,

$$비누화값(s) = 3 \times 56 \times 1000/시료의\ g수$$
$$지질의\ 평균\ 분자 = 3 \times 56 \times 1000/s$$

4. 질문

(1) 트리스테아린, 올리브유, 버터의 비누화 값을 계산하여 비교하고 이들의 차이점을 설명하여 보시오.

5. 참고문헌

(1) Biochemistry, Lubert Stryer, 4th ed.

실험 17. 지질의 요오드화 반응

1. 실험의 목적

지질의 불포화도를 비교하는 기준이 되는 지질의 요오드 값을 계산하여 본다.

2. 실험의 원리

지질 100g에 첨가되는 요오드의 g 수를 요오드 값(iodine value)이라 한다. 이 값은 지질의 불포화도를 비교하는 기준이 된다. 요오드 값의 측정에 있어서는 적정량의 지질을 과량의 브롬과 반응시키고 남은 브롬을 정량하여 요오드의 해당 양을 계산한다.

3. 실험재료 및 방법

재료

(1) 시료 : 올리브유, 버터(2% 클로로포름용액), 브롬(2.5% 클로로포름용액), 0.1M KI, 0.1N $Na_2S_2O_3$, 녹말 지시약(가용성 녹말의 1% 수용액).
(2) 기기 : 뷰렛(25ml), 파이펫(10ml).

방법

(1) 2%의 클로로포름 용액으로 만든 0.3g의 지질 시료를 각각 100ml의 삼각플라스크에 넣고 대조구 플라스크에는 물을 넣는다.
(2) 각각의 삼각플라스크에 피펫으로 10ml의 브롬 용액을 가한다.
(3) 각각의 삼각플라스크에 코르크 마개를 막고 상온에서 20분간 놓아둔다.
(4) 시료에 10ml의 0.1M KI 용액을 넣고, 0.1N $Na_2S_2O_3$로 적정한다.

(5) 유리된 요오드로 말미암아 연한 노란색을 띤 용액에 녹말 지시약을 2방울 넣고 푸른색이 없어질 때까지 플라스크를 잘 흔들어 주면서 적정한다.

4. 질문

(1) 비누화 값과 요오드 값 중 어느 것이 지질의 명확한 특성으로 설명될 수 있는지 설명하시오.

5. 참고문헌

(1) Entenman, C., 1957, Methods in Enzyme (S. P. Ciliwick, N. O., Kaplan, eds), vol. 3, Academic Press, New York.

(2) Stenesh, J., 1984, Experimental Biomembrane Protocols, Humana Press, New Jersey.

(3) Hamiton, R. J., and Hamiton, S., 1992, Lipid Analysis, A Practical Approach, Oxford.

(4) 한국생화학회, 실험생화학, 3판, 1999, 탐구당.

실험 18. 천연유화제 레시틴의 추출

1. 실험의 목적

계란 노른자위로부터 천연유화제로 쓰이는 레시틴을 추출하여 본다.

2. 실험의 원리

지질은 복합지질과 단순지질로 분류되는데, 복합지질(compound lipid)은 글리세롤과 지방산이외의 다른 작용기를 포함하는 에스테르이다. 이러한 다른 작용기는 레시틴과 같은 인지질(phospholipid)의 인산기이거나 당지질(glycolipid)의 갈락토오스이다. 유도지질(derived lipid)의 주요 부류는 스테로이드(또는 스테롤)이다. 스테로이드는 자연계에 흔히 존재하는데 다양한 동물 호르몬, 비타민 D 및 콜레스테롤 등이 여기에 포함된다.

생체로부터 다양한 지질 성분을 정량적으로 추출하는 것은 불가능하거나 매우 어렵다. 그러나 어떤 지질들은 적당한 유기용매들을 사용하면 추출 용매계에 대한 용해도의 차이에 의해 분리할 수 있다. 레시틴은 산성 기(인산)와 염기성 기(콜린)를 동시에 포함하여 pH가 약 7이며 쯔비터 이온으로 존재한다. 트리아실글리세롤과는 대조적으로 레시틴은 물에 콜로이드 상태로 용해되며 아세톤에는 용해되지 않는다. 그러므로 이러한 성질을 이용하여 레시틴을 에테르로 추출하여 아세톤을 넣어주면 침전을 얻을 수 있다.

3. 실험재료 및 방법

재료

(1) 시료 : 계란, 에탄올, 에테르, 염화카드뮴 에탄올, KOH.

(2) 기기 : 깔때기, 증발접시, 거름종이, Buchner 깔때기.

방법

(1) 계란에서 흰자위는 버리고 노른자위만 얻어 에탄올 50ml와 에테르 25ml를 넣고 저어준다. 가끔씩 저어주면서 혼합물을 10분간 방치한다.
(2) 깔때기를 사용하여 이 용액을 증발접시에 따른다. 에탄올-에테르(2 : 1, v/v) 혼합용매 15ml로 깔때기를 씻어준다.
(3) 증발접시를 가열 판에 올려 놓고 용매를 완전히 제거한다(과열을 조심할 것). 식힌 후 잔류물을 에테르 10ml에 녹인다.
(4) 에테르 용액에 아세톤 30ml를 저어주면서 넣는다. 이때 생성되는 침전은 주로 레시틴이다. 유리섬유 마개가 있는 깔때기를 사용하여 용매를 증발접시에 따른다.
(5) 만일 레시틴이 일정 시간 동안 공기와 접촉하면 검게 변하므로 지체없이 에탄올 20ml에 녹이고 염화카드뮴 에탄올 용액 20ml를 넣어 결정성 첨가 생성물을 만든다. 혼합용액을 저어준 후 10분간 방치한다. 침전을 Buchner(버너) 깔때기로 모은다. 천연유화제로 응용할 수 있도록 사용하기 전까지 냉장고에 저장하여 둔다.

4. 질문

(1) 천연 레시틴은 우리 생활에의 필수품에 어떤 응용제로 사용될 수 있는지 설명하여 보시오.

5. 참고문헌

(1) 김영희, 천연 향장품 제조 실험서, 2003, 아카데미서적.

실험 19. 적혈구 막지질의 추출

1. 실험의 목적

소의 혈액으로부터 적혈구의 막을 분리하여 지질을 추출하여 분석한다.

2. 실험의 원리

소의 혈액으로부터 적혈구를 분리하여 적혈구 내부에 있는 헤모글로빈을 포함하는 단백질을 제거한 후, 적혈구 막을 분리하여 지질을 추출하여 분석한다.

적혈구막

적혈구는 쉽게 얻을 수 있고 비교적 단순하기 때문에 막의 연구에서 아주 훌륭한 연구의 대상이 되어 왔다. 적혈구는 세포소기관들을 가지지 않기 때문에 한 가지의 막, 즉 원형질막만을 가진다. 이 세포의 거의 모든 세포질 내용물들이 삼투압에 의한 용혈로 방출되므로 순수한 원형질막을 얻을 수 있다.

3. 실험재료 및 방법

재료

(1) 시료 : 소의 혈액—신선한 혈액을 구입하여 1L당 10mg의 헤파린을 가하여 냉장 보관한다.
등장액 : 8.56g의 $NaH_2PO_4 \cdot H_2O$와 8.8g의 NaH_2PO_4를 900ml의 증류수에 녹여 부피를 증류수로 1,000ml가 되게 한다.
저장액 : 100ml의 등장액을 1,550ml가 되도록 증류수로 묽힌 다음 1N HCl로 pH를 6.8로 맞춘다.

막지질 분석 시료 : 0.09M 인산 완충용액(pH 7.4), 클로로포름 : 메탄올(1 : 2) 혼합액, 클로로포름.

(2) 기기 : 원심분리기, 동결건조기, 마개가 있는 유리 시험관, 원심분리용 시험관, 원심분리기, 페스쳐 파이펫.

방법

(1) 15ml의 신선한 혈액을 2.65ml의 등장액과 섞어 얼음에 5분 동안 놓아둔 뒤 10분간 1,000xg에서 원심분리한다.
(2) 페스쳐 파이펫으로 상층액을 2번 세척한다. 최종 부피가 5ml가 되도록 침전물에 등장액을 가하여 잘 현탁한다.
(3) 시료에 25ml의 저장액을 가하여 천천히 흔들어 주면서 섞은 다음 30분간 15,000xg에서 원심분리한다.
(4) 원심분리 후 상층액을 제거하고 침전물을 15ml의 저장액으로 동일한 원심분리 조건에서 2번 세척하고 최종 침전물을 2ml의 등장액에 용해시킨다.
(5) 적혈구막 현탁액은 동결건조기에서 냉동 건조시킨 다음 무게를 측정한다.
(6) (5)에서 분리한 적혈구 막을 0.4ml의 인산완충용액으로 잘 분산시킨다.
(7) 시료에 클로로포름 : 메탄올(1 : 2) 혼합액을 넣고 마개를 꼭 막은 후 1분 동안 세게 흔들어 준다.
(8) 시료에 클로로포름 1ml를 넣고 1분 정도 세게 흔들어 준 후 1ml의 증류수를 넣고 세게 흔든다.
(9) 혼합액을 원심분리기로 약 5분 동안 원심분리한 후 아래층에 형성된(막지질) 액을 취하여 새 시험관에 옮긴다.
(10) 시험관에 취한 용액을 질소로 완전히 건조시켜서 무게를 측정한다.

4. 질문

(1) 적혈구의 막지질은 어떤 지질로 구성되어 있는지 설명하고 다른 막지질들과 다른 점을 설명하여 보시오.

5. 참고문헌

(1) Biochemistry, Lubert Stryer, 3rd ed., Freeman.

(2) 한국생화학회, 실험생화학, 3판, 1999, 탐구당.

실험 20. 계란 노른자위로부터 콜레스테롤의 추출 및 분석

1. 실험의 목적

계란 노른자위로부터 콜레스테롤을 분리하여 분석하여 본다.

2. 실험의 원리

콜레스테롤은 에테르용액에서 아세톤을 넣어도 침전물을 형성하지 않으며 또한 비누화되지 않으므로 KOH로 처리한 후에 에테르로 추출한다. 반면 트리아실글리세롤은 비누화되어 수용성인 글리세롤과 비누로 된다.

Liebermann-Burchard 시험

L-B시험은 A고리나 B고리, 또는 C고리가 불포화된 스테롤에 대해 특이성을 나타내는 시험법으로 시료 중의 콜레스테롤의 존재를 검출할 수 있다.

콜레스테롤은 진한 황산의 존재 하에서 빙초산과 반응하여 청록색의 착색물질을 형성하므로 비색법으로 정량할 수 있다.

3. 실험재료 및 방법

재료

(1) 시료 : 계란 2개, 에탄올, 아세톤 : 에탄올(1 : 1) 혼합액, 0.5% 디기토닌/50% 에탄올, 에테르, 에테르 : 아세톤(1 : 1), 콜레스테롤 표준용액(1mg/ml), Liebermann-Burchard 시약 : 사용 직전에 만듦. 20ml의 빙초산을 얼음에 채워 냉각시킨 후 진한 황산 1ml를 1방울씩 저으면서 떨어뜨려 혼합한 후 10분간 0℃에서 놓아둔다.

(2) 기기 : 비색계, 깔때기, 50ml 플라스크, 마개가 있는 유리시험관, 시험관.

방법

(1) 2개의 계란을 흰자위는 버리고 노른자위만 얻어 에탄올 50ml와 에테르 25ml를 넣고 저어준다. 가끔씩 저어주면서 혼합물을 10분간 놓아둔다.

(2) 깔때기를 사용하여 용액을 증발접시에 따른다.

(3) 증발접시를 가열 판에 올려놓고 용매를 완전히 제거한다. 용매가 제거된 시료의 잔류물을 에테르 10ml에 녹인다.

(4) 시료에 아세톤 30ml를 저어주면서 넣는다. 이때 침전이 형성되면 깔때기를 사용하여 여과하고 여과액을 얻는다.

(5) 여과액을 가열 판에서 증발시켜 풀처럼 만든 후 식힌다.

(6) 10% 알코올성 KOH 용액 15ml를 넣고, 잘 저어준 후 30분간 가열한다. 가열 도중 에탄올을 조금씩 보충하여 일정한 부피를 유지한다.

(7) 증발접시를 실온으로 냉각시키고 에테르 40ml가 들어 있는 125ml 삼각플라스크에 넣어 비누화되지 않은 콜레스테롤을 제거한다. 에테르 층을 거름종이로 거른 후 용액을 증발접시에 옮긴다.

(8) 가열 판으로 콜레스테롤 용액을 완전히 말린다.

(9) 증발접시에 에탄올 5ml를 넣고 가열 판에서 살짝 가열한다. 용액을 건조한 원심분리관에 옮기고 침전이 더 이상 생기지 않을 때까지 증류수를 1방울씩 적하한다.

(10) 10~15분간 원심분리하여 용액을 따라 버린 후 남아 있는 고체를 긁어내어 조그만 Buchner 깔때기로 모은다. 원심분리관에 남은 것은 소량의 증류수로 씻어낸다.

(11) 거름종이를 일주일간 건조시켜 Lievermann-Burchard 시험을 수행한다.

(12) 별도의 실험으로 6개의 시험관을 준비하여 하나는 대조구 시험으로 사용하고, 나머지 6개의 시험관에 콜레스테롤 표준용액(1mg/ml)을 0.1, 0.2, 0.4, 0.6, 0.8ml를 각각 넣고 질소로 모두 건조시킨다.

(13) (12)시료와 (13) 표준시료에 Liebermann-Burchard 시약 2ml를 넣고, 30분간 어두운 곳에 둔 후 525nm에서 흡광도를 측정한다.

(14) 콜레스테롤 표준곡선을 그리고 막 지방질 시료 중에 들어 있는 콜레스테롤의 양을 계산한다.

* Liebermann-Burchard **시험**

주의 : 이 반응은 수분이 완전히 제거된 상태에서 행해야만 한다. 후드에서 실험을 진행하도록 한다.

1. 마른 시험관에 콜레스테롤 수(mg)와 무수 클로로포름 3ml를 넣는다.
2. 무수 아세트산 10~20 방울을 넣고 진한 황산 2 방울을 매우 조심스럽게 넣는다.
3. 천천히 흔들어 섞은 후 용액의 색이 처음에는 옅은 자주색을 띠다가 곧 푸른색을 거쳐 녹색으로 바뀌는 것을 관찰한다.

4. 질문

(1) 콜레스테롤은 생체 내에서 주로 어떤 조직에 존재하며, 중요한 기능을 설명하시오.

5. 참고문헌

(1) 손기남. 홍남주, 생물유기화학 실험, 2001, 미학사.

실험 21. 계란 노른자위로부터 극성지질의 추출

1. 실험의 목적

계란 노른자위로부터 극성지질을 추출하여 본다.

2. 실험의 원리

극성지방질인 포스페티딜 에탄올아민과 포스페티딜 콜린은 포스페티딜세린으로부터 형성되는데 포스페티딜 콜린은 포스포글리세리드가 3번 메틸화되어서 포스페티딜 콜린이 형성된다. 포유동물에서는 포스페티딜 콜린은 음식물에서 얻는 콜린을 이용하는 경로로 합성될 수 있다. 콜린은 ATP로 인산화되어서 포스포릴 콜린(phosphoryl choline)이 되고, 이어서 CTP와 반응하여 CDP-콜린이 된다. 그 다음에 CDP-콜린의 포스포릴 콜린 단위는 디아실 글리세롤로 전환되어 포스페티딜 콜린이 형성된다. 이러한 구조로 포스페티딜 콜린은 에탄올이나 에테르에는 녹지만 아세톤에는 녹지 않는다.

* 포스페티딜 콜린은 비누와 같이 강한 에멀젼화 작용을 가지고 있다.
* 포스페티딜 아민 → 포스페티딜 에탄올 아민 → 포스페티딜 콜린
* 콜린+ATP → 포스포릴 콜린, 포스포릴 콜린+CTP → CDP−콜린
* CDP−콜린+디아실 글리세롤 → 포스페티딜 콜린

3. 실험재료 및 방법

재료

(1) 시료 : 에테르, 아세톤, 계란, 대두유, 올리브유.
(2) 기기 : 삼각플라스크.

방법

(1) 시험관 3개를 준비하고 시험관에 1, 2, 3으로 표지한다.
(2) 100ml의 삼각플라스크에 계란 노른자위 1개를 넣고, 약 100ml의 에테르를 가한 후 은박지로 막은 후 1시간 정도 자주 세게 흔들어 준다.
(3) 에테르 용액을 비커에 걸러 넣고 뜨거운 물중탕에서 에테르를 날려 보낸다.
(4) 포스페티딜 앙금이 비커 벽에 붙게 되면 아세톤을 따라 버린다.
(5) 시험관 1에 물 1ml와 포스페티딜 앙금을 넣고 시험관 2에 1ml의 물과 대두유 1ml, 시험관 3에는 물 1ml와 올리브유 1ml를 넣고 잘 흔들어 준 다음 10분간 놓아둔다.
(6) 3개의 시험관에서 에멀젼화 현상이 일어나는지를 관찰한다.

4. 질문

(1) 불순한 동물성 지방질의 복합체로부터 포스페티딜 콜린의 정제 방법을 설명하시오.

5. 참고문헌

(1) Clark, J. M., R. L., Experimental biochemistry, W. H. Freeman and Co., San Francisco.

실험 22. 진핵생물로부터 Genome DNA의 추출

1. 실험의 목적

식물조직으로부터 Genome DNA를 분리하여 본다.

2. 실험의 원리

Human genome DNA

인간을 비롯한 모든 동식물은 세포로 구성되어 있는데 키가 큰 사람이건 작은 사람이건 인간의 세포는 60조 개로 구성되어 있다. 세포 안에는 핵이 있고 핵은 46개의 염색체로 구성되어 있다.

염색체 안에 DNA가 있으며, DNA는 4~5만 개(Celera Genomics사의 Genome Project 연구결과)의 유전자가 있다. 염색체에 있는 DNA를 게놈이라 하는데, 게놈은 모든 생물의 형태를 만들 뿐만 아니라 생명을 유지하는 데 필요한 모든 단백질을 만드는 유전정보를 갖고 있어 생명의 설계도와 같은 역할을 담당한다. 이 염색체 안에 차곡차곡 쌓여 있는 기다란 사슬 모양의 2중 나선구조의 분자가 DNA이며 32억 개의 염기로 구성되어 있고 그 일부분이 생명의 중요한 역할을 담당하는 유전자들이다. 유전자의 역할은 유전정보를 보존하고 단백질을 만드는 것이다.

식물 Genome DNA

핵내 genome DNA는 mRNA를 구성하지 않는 부분의 DNA 서열인 인트론(Intron)은 원핵생물과 진핵생물을 구별하는 가장 큰 특징 중의 하나다. 다른 진핵생물들에서와 같이 식물에서도 대부분의 유전자에서 발견되고 있으며, 옥수수의 Zein 유전자 등 몇몇 핵내 유전자를 제외하고 미토콘드리아나 엽록체에서도 유전자가 발견된다.

식물분자생물학 연구는 미생물이나 동물보다 상대적으로 늦게 시작되었다. 분자생물학은 미생물에서 시작되었고 생물학이나 미생물 연구가 주로 동물을 대상으로 하는 반면, 식물 연구는 주류가 분류나 생태 연구에 치중되어 생명현상의 본질 해석에 대한 접근이 많지 않았던 데에 이유가 있다. 또한 이들 외에도 실험재료로서의 단점으로 효모, 초파리, 대장균들에 비해 세대경과 기간이 길고, 단세포 배양이 곤란하며 생화학적으로 확인된 진정 돌이변이체가 적었으며 유전자, 즉 DNA의 분리, 정제가 세포벽의 존재, 세포의 크기에 비해 세포당 핵산의 양이 적고, 조직 내에 핵산분해효소가 많아 추출할 수 있는 DNA의 양이 적은 점도 원인이 될 수 있다.

3. 실험재료 및 방법

재료

(1) 시료 : 식물조직(시금치)과 동물조직(돼지 살코기) 20g, extraction buffer(10mM Tris · Cl(pH 8.0), 0.1M EDTA(pH 8.0), 20μg/ml pancreatic RNAase, 0.5% SDS, Proteinase K, Phenol equilibrated with 0.5M Tris. Cl(pH 8.0), 10mM ammonium acetate.

(2) 기기 : Spetrophotometer, Centrifuge, 막자사발, 원심분리 튜브.

방법

(1) 시금치와 돼지 살코기 20g을 잘 씻어서 잘게 썬 다음 막자사발에 담아 액체질소를 조금씩 부으면서 파우더 형태가 될 때까지 잘 갈아 준다.

(2) 시료 부피의 10배의 extraction buffer를 첨가하여 잘 흔들어 준다.
시료를 50ml 원심분리 튜브로 옮긴다.

(3) 37℃에 30분간 놓아두고 잘 흔들어준다.

(4) 시료의 농도가 100μg/ml가 되도록 Proteinase K를 넣어 준다.

(5) 시료를 50℃ 수조로 옮겨서 30분 동안 잘 흔들어준다.

(6) 실온에서 5,000rpm에서 10분간 원심분리하여 상등액을 다른 튜브에 옮긴다.

(7) TE에 포화된 phenol을 시료와 같은 부피를 넣고 2번 추출한다.

(8) 시료에 0.2 volume의 10M ammonium acetate를 넣어주고 2 volume의 에탄올을 넣어주고 -20℃에서 10분 정도 놓아 두었다가 5,000g에서 10분 간 원심분리한다.
(9) 침전물을 70% 에탄올에 다시 현탁하여 두 번 씻어 준다.
(10) DNA를 진공 원심분리기에 넣고 건조시키거나 실온에서 10분 동안 건조시켜 70% 에탄올이 전혀 남아 있지 않도록 한다.
(11) Spectrphotometer를 이용하여 260nm에서 DNA의 농도를 측정하여 수득률을 계산하고 분석할 DNA는 4℃ 또는 -20℃에 저장한다.

4. 질문

(1) 식물조직은 탄수화물이 많다. 이러한 식물조직으로부터 분리한 DNA의 순수도를 알기 위하여 어떻게 하여야 하는지 설명하시오. 그리고 분리 시에 어떤 특이한 점이 발견되는지 설명하시오.

5. 참고문헌

(1) Sambrook, Fritsch, Maniatis, Molecular Cloning, 2nd, ed., Cold Spring Harbour.

실험 23. 전기영동(Electrophoresis)에 의한 DNA의 분석

1. 실험의 목적

Genome DNA를 Agarose gel을 이용하여 전기영동하여 분석한다.

2. 실험의 원리

DNA를 분리할 때에는 horizontal agarose gel을 이용하는데, 여기에 사용하는 bead는 agarose이다. agarose는 DNA의 크기에 따라 분석하는 방법이다. 이 원리는 agarose의 bead는 구멍을 가지고 있어 작은 DNA와 길이가 큰 DNA가 경쟁시 들어가서 작은 DNA는 빨리 빠져나오게 되고 큰 DNA는 천천히 나오게 되므로 DNA의 길이에 따라 이동 거리가 달라진다.

3. 실험재료 및 방법

재료

(1) 시료 : Ethidium bromide(10mg/ml in water), 5×TBE buffer(5×0.045M Tris-borate, 0.001M EDTA)−5×{54g Tris base, 27.5g Boric acid, 20ml 0.5M EDTA(pH 8.0)}, 6×bromophenol blue dye(0.25% Bromophenol, 40% sucrose in water).

(2) 기기 : Agarose horizontal DNA gel 장치, UV lamp, Polaroid.

방법

(1) 8%의 agarose gel을 만들어서 genome DNA를 분리하는데, 먼저 50ml의 0.5×TBE에 4g의 agarose를 담아서 전자렌지에 2분 동안 녹인다. 다 녹으면 잘 흔들어 식을 수 있도록 실온에 한 10분 정도 놓아두었다가 세팅한 horizontal DNA gel 장치에 붓고 분석하고자 하는 DNA의 양에 따라 적당한 사이즈의 comb을 꽂아 둔다.

(2) gel을 굳도록 기다리면서 분석할 DNA를 준비한다.

(3) 분석할 DNA는 한 샘플당 10~50㎍ 정도를 분석할 수 있는데 샘플당 eppendorf 튜브에 정량하여(총 부피 20㎕) 넣고 제한 효소인 *E.coRI*과 *Bam* HI 효소를 사용하여 37℃에서 한 시간 동안 DNA를 절단 후, bromo phenol dye를 넣어서 준비한다.

(4) 30~40분 동안 굳기가 완성된 겔은 0.5×TBE와 0.5㎍/ml의 EtBr(에티듐 브로마이드)로 채운 겔 탱크에 잠수시킨다.

(5) Comb를 빼낸 후 각각의 샘플(DNA 시료)을 파이펫만 사용하여 넣는데 넣기 전에 먼저 표준 DNA(알려진 길이의 DNA)를 먼저 loading한다. 그리고 각각의 시료를 loading한다. 전기영동은 음극에서 양극으로 이동하도록 1~5V/cm의 속도로 power supply를 고정시킨다.

(6) 전기영동시 gel이 마지막 1cm까지 왔을 때 전기영동을 멈추고 UV lamp에 올려놓고 DNA를 확인한 후 polaroid를 이용하여 사진을 찍는다.

4. 질문

(1) EtBr은 발암 물질임에도 불구하고 DNA 염색에서 중요한 역할을 하는데, 이것은 EtBr과 DNA의 어떤 특성을 이용하여 DNA를 염색하는 데 사용하는지 설명하여 보시오.

5. 참고문헌

(1) Sambrook, Fritsch, Maniatis, Molecular Cloning, 2nd, ed., Cold Spring Harbour.

실험 24. DNA의 형질전환

1. 실험의 목적

생명공학 실험에 있어서 가장 기본이 되는 DNA를 대량 생산하기 위하여 원하는 DNA를 플라스미드(plasmid)에 삽입시켜 숙주로 형질전환하여 원하는 DNA를 대량으로 얻는다.

2. 실험의 원리

형질전환(transformation)

생명공학에 있어서 가장 기본이 되는 재료인 DNA를 대량 확보하는 일은 굉장히 중요한 일이다. 먼저 필요한 DNA를 플라스미드에 삽입시켜 플라스미드를 숙주세포(박테리아) 내로 도입시키는 방법이 형질전환이다. 이 방법은 박테리아 숙주세포에 물리적 내지 화학적 자극(예 : 열, 전기 등)을 주어 플라스미드 DNA를 받아들일 수 있는 상태로 만들어 DNA가 세포 내로 들어가게 한다.

플라스미드 DNA

플라스미드 DNA는 genome DNA가 아니면서 박테리아 내에서 숙주 시스템을 이용하여 자가 복제할 수 있는 DNA로서 여러 숙주에 쉽게 들어갈 수 있는 조그마한 환형의 DNA이다. 최근에 생명공학의 발달로 플라스미드에 원하는 유전자를 넣어서 박테리아로 형질전환하거나 식물이나 동물로 형질전환이 가능하게 하였다.

항생제

형질전환체와 플라스미드가 도입되지 않은 박테리아를 선별하기 위하여 플라스미드 자체에 여러 항생제 저항성 유전자를 유전공학적으로 조작하여 상업적으로 판매하고 있고,

실험실에서 조작하여도 만들 수 있는데 최근에 많이 이용되고 있다. 항생제의 종류는 ampicillin, carbenicillin, chloroamphenicol, kanamycin, streptomycin, tetracycline 등이 있고, 실험에 따라서는 단독으로 또는 복합적으로 사용하여 형질전환체를 선별하는 약품으로 이용된다.

3. 실험재료 및 방법

재료

(1) 시료 : *Escherichia coil*, 플라스미드 DNA
  LB(Luria-Bertani) broth 및 agar 배지
  * LB broth : Tryptone 10g, Yeast extract 5g, NaCl 10g, Glucose 1g, pH 7.0 with NaOH, 증류수로 1L가 되게 함.
  * LB agar 배지
    LB broth+7g agar를 살균하여 사용한다.
  * 항생제 ampicillin(50mg/ml in H_2O), 멸균된 0.1M $CaCl_2$

(2) 기기 : 페스쳐 파이펫(Pasteur pipet), 진탕배양기, 소형 원심분리기, 회전식 교반기.

방법

(Competent cell 준비)

(1) 실험 하루 전에 *E. coil* 균주의 콜러니(Colony, 박테리아의 집합체) 형태로 되어 있는 JM101 균주의 독립된 콜러니 하나를 3ml LB broth에 접종하여 37℃ 배양기에서 밤새도록 배양한다.

(2) 실험 당일의 아침에 밤새도록 자란 JM101 주 배양액의 100㎕를 살균된 250ml의 삼각플라스크에 있는 100ml의 LB broth에 넣어서 2시간 정도 배양하여 600nm에서 O.D.(Optical Density) 값이 0.3~0.4가 되게 자란 상태를 확인하면, 10분 정도 배양액을 얼음 위에 차게 되도록 놓아둔다.

(3) 차게 된 배양액을 원심분리 튜브에 옮기고 400rpm, 4℃에서 10분간 원심분리한다.

(4) 상층액을 따라서 살균하여 버리고 침전된 세포들을 차게 해둔 0.1M $CaCl_2$ 용액 10ml를 넣고 얼음 위에 10분간 놓아둔 뒤 다시 같은 속도로 10분간 4℃에서 원심분리한다.

(5) 상등액은 살균하여 버리고 침전된 세포들에 2ml의 0.1M $CaCl_2$를 넣어서 잘 섞어준 뒤 살균한 eppendorf 튜브에 100㎕씩 넣는다. 실험에 사용할 competent cell이 들어 있는 eppendorf 튜브들은 얼음 위에 올려놓고, 나머지 튜브는 −20℃에 저장하여 2달 정도 사용한 후 살균하여 버린다.

(형질전환)

(6) 50㎍ 정도의(원하는 유전자가 삽입된 ampicillin 저항성 유전자를 포함하는 DNA) bluescript SK 플라스미드를 얼음 위에 있는 JM101 Competent cell과 잘 섞어 흔들어 준 후 얼음 위에서 30분 정도 놓아둔 다음 이따금 잘 섞어준다.

(7) 42℃ heat block에 옮겨서 1분 정도 heatshock을 해준다.

(8) 얼음에 옮겨 5분 정도 차게 한 후 LB broth를 800㎕씩 넣어준 뒤 37℃ 진탕배양기에서 45분간 배양한다.

(형질전환된 플라스미드의 선택배지)

(9) 미량원심분리기를 이용하여 원심분리한 후 상등액은 버리고 신선한 LB broth를 100㎕씩 넣고 ampicillin 항생제가 50㎍/ml 들어 있는 LB agar plate에 파이펫을 이용하여, 도말 평면법으로 ampicillin 50㎍/ml을 포함하는 LB agar plate에 streaking한다. 대조구 형질전환은 플라스미드를 섞지 않고 JM101 균주만 형질전환 방법을 진행한다.

(10) Streaking후 LB plate를 뒤집어서 37℃에서 배양하고, 12~16시간이 지난 후에 형질전환된 박테리아는 콜러니 형태로 자라나게 된다.

4. 질문

(1) 항생제는 왜 저항성 유전자를 가지지 않은 박테리아를 죽게 하는지 설명하시오.

5. 참고문헌

(1) Sambrook, Fritsch, Maniatis, Molecular Cloning, 2nd, ed., Cold Spring Harbour.

실험 25. PCR(polymerase chain reaction)에 의한 DNA 증폭

1. 실험의 목적

적은 양의 DNA를 대량으로 증폭하는 PCR 방법을 이용하여 범죄자의 증거자료 또는 코로나 virus의 진단 등을 하여 본다.

2. 실험의 원리

PCR(Polymerase Chain Reaction)

PCR(중합효소 연쇄반응)법은 셀레라 제노믹스사의 Craig venter 박사가 인간 게놈프로젝트의 해석 속도를 빠르게 한 방법으로, 단 1개의 세포만 있어도 DNA를 증폭할 수 있는 획기적인 방법이다. 즉, 아주 적은 소량의 DNA만 있어도 DNA를 증폭시켜 많은 양의 DNA를 얻을 수 있다. PCR법은 1980년대 캐리 몰리스(Kerry mullis) 박사가 고안했는데 세포가 DNA를 복제하는 시스템과 열에 강한 효소를 이용하여 개발한 것으로 현재 범죄수사뿐 아니라 게놈 연구, virus 감염 진단 등 분자생물학 분야에 폭넓게 이용되고 있다. 특히 PCR법은 클로닝 작업보다 시간을 많이 절약할 수 있다.

PCR법의 이론

1) DNA 단편의 끝부분에 프라이머(primer)를 부착하여 DNA를 복제할 때의 시작점으로 삼는다.
2) 두 가닥으로 된 DNA의 2중 나선형에 열(94℃)을 가하여 한 가닥으로 푼다. 이것은 한 가닥의 DNA를 주형으로 하여 상보적인 DNA를 합성하기 위해서다.
3) DNA 중합효소인 Taq DNA polymerase를 첨가하고, 온도를 72℃로 유지하면 프라이머를 시작점으로 DNA가 복제된다.
4) 위의 과정을 계속 반복하면 새로 합성된 DNA 단편을 몇 시간 안에 1개에서 1천억

개로 만들 수 있다.

Taq DNA polymerase

Tap polymerase는 *Thermus aquarcus*로부터 분리한 효소이다. 효소의 특성은 5′→3′ polymerization-dependent exonuclease activity를 가지고 있지만 3′→5′ exonuclease의 활성은 부족하다. PCR 반응시 이 효소의 과잉사용은 원하지 않는 DNA의 합성을 초래할 수 있다.

Primers(oligonucleotides)

primer는 보통 22~24 nucleotides가 가장 적절한 길이고 PCR 반응에서 1μM이 적당한 농도이다. 만약에 너무 높은 농도의 Primer가 사용되면 원하지 않는 비표적 DNA가 합성될 수 있다. 역으로 Primer의 농도가 너무 낮을 때에는 PCR 반응이 굉장히 비효율적이다. 그러므로 원하는 target DNA의 적절한 농도를 얻기 위해서는 Primer의 적절한 농도와 실험 자체가 오염되지 않도록 각별히 노력하여야 한다.

3. 실험재료 및 방법

재료

(1) 시료 : 적은 양의 target DNA(Template)(예 : 간염 virus DNA, 범죄자의 머리카락 DNA. 범죄자의 정액 DNA), 10×PCR buffer(500mM KCl, 100mM Tris.Cl(pH 8.3), 15mM KCl, 0.1% gelatin), Taq DNA polymerase, 200μM dNTPs(pH 7.0 with NaOH).

(2) 기기 : PCR machine, Horizontal agarose DNA gel 장치. UV lamp, Polaroid.

방법

(1) PCR machine을 94℃에서 세팅해 놓는다.

(2) 살균한 0.5ml 미량 원심분리 튜브에 다음 순서로 용액을 각각 넣는다.

살균증류수 : 30μl

10×PCR buffer : 10μl

1.25mM의 dNTP 혼합물 16μl

primer 1(in 물 5μl) : 100pmoles

primer 2(in 물 5μl) : 100pmoles

target DNA(template DNA) : 2μg 이하

최종 부피를 증류수를 사용하여 100μl가 되게 맞추어 준다.

(3) 반응 혼합물을 94℃로 세팅한 PCR machine에 가져가서 DNA를 완전히 변하기 위해 5분간 열을 가한다.

(4) 0.5μl의 Taq DNA polymerase(5units/μl : Perkins elmer)를 넣고 반응을 진행시킨다. 증발되지 않도록 하기 위하여 반응물 위에 100μl의 mineral oil로 커버한 후 다음과 같이 프로그램하여 반응을 진행한다. 진행은 Polymerization, Denaturation, 그리고 Annealing 순으로 진행한다.

Cycle	Denaturation	Annealing	Polymerization
1st cycle	5 minutes at 94℃	2 minutes at 50℃	3 minutes at 72℃

Subsequent			
Cycle	1 minutes at 94℃	2 minutes at 50℃	3 minutes at 72℃
Last cycle	1 minutes at 94℃	2 minutes at 50℃	10 minutes at 72℃

(4) 적어도 25 cycle 이상이 필요하며 30 cycle 정도로 진행한다.

(5) 반응이 끝난 후 원하는 DNA가 제대로 증폭되었는지를 확인하기 위하여 증폭된 DNA의 10μl를 agarose DNA gel에 전기영동하여 확인할 수 있다.

4. 질문

(1) 생체 내에서의 Polymerase의 중요한 기능을 자료를 찾아서 설명하여 보시오.

(2) 용의자의 머리카락 하나를 범행 현장에서 찾았다고 할 때 어떻게 범죄자를 단정할 수 있을지를 위와 같은 과학적인 방법으로 설명하여 보시오.

5. 참고문헌

(1) Sambrook, Fritsch, Maniatis, Molecular cloning, 2nd ed., Cold Spring Harbour.

(2) 한상기, 일본 인터워크 종합연구소 바이오 동향 연구회, 2001, 바이오 비즈니스, 현암사, pp 110–114.

3장

생화학 대사물질의 추출 및 분석

실험 26. 캡사이신(Capcisin)의 추출 및 분석

1. 실험의 목적

붉은 고추가 함유하고 있는 알칼로이드 일종인 캡사이신을 유기농으로 재배한 매운 고추로부터 추출하는 실험을 하여 본다.

2. 실험의 원리

식물재료인 고추가 흰쥐 실험에서 체지방 축적량을 감소시킨다는 많은 보고들이 발표되었다. 최근에는 캡사이신이 비만 예방과 관련되어 다이어트 식품으로 널리 알려지고 있고 기능성 향장품 성분으로도 널리 응용될 수 있는 것을 이해한다.

캡사이신

고추를 맛으로 분류하면 크게 매운 고추와 단 고추로 분류하는데 우리나라에서는 매운 고추가 일반적으로 많이 재배되고 있고, 단 고추는 피망이라 부르며 재배 면적이 넓지 않다.

고추의 매운 맛을 내는 성분은 알칼로이드의 일종인 캡사이신 성분 때문인데 캡사이신은 과실의 태좌와 격벽에서 만들어지며, 개화 2주일 후부터 생기기 시작하여 3주 후에 함량이 최고에 달한다. 고추 과실의 부분별 캡사이신 함량은 씨가 붙어 있는 태좌부, 격벽 등에는 1.93% 정도가 들어 있고 종자에는 0.12%, 과실 껍질에는 0.24%가 들어 있으며 과실 전체를 보았을 때는 과실 길이를 3등분하여 꼭지 쪽은 0.24%, 중간은 0.39%, 고추끝머리 부분은 0.15% 들어 있다. 캡사이신 함량이 높으면 그만큼 매운 것을 의미한다.

최근의 연구에 의하면 고추가 비만 예방효과가 있는 것으로 알려지고 매운 맛을 나타내는 캡사이신이 체지방을 줄인다는 보고가 발표됨에 따라 이에 대한 많은 연구와 응용이 활발히 진행되고 있다.

3. 실험재료 및 방법

재료

(1) 시료 : 고추(*Capsicum annum* L). 아세톤, Petroleum, 황산마그네슘, 황산나트륨, 질산나트륨, 몰리브덴 나트륨.

(2) 기기 : 필터(Whatman GFA glass microfibre), Kuderna Danish 장치, GC(GC-9A).

방법

(1) 10g의 붉은 고추 과피를 50~60℃에서 오븐 건조시킨다.

(2) 모터를 이용하여 1mm의 크기가 되도록 잘게 간다.

(3) 시료를 Erlenmeyer flask에 담아서 용매인 아세톤 : Petroleum을 1 : 1(v/v)의 비율로 만들어 20ml를 넣고, 3g의 무수 황산 마그네슘을 넣어서 녹인 다음 밤새도록 침지시켜 둔 후 4시간 정도 잘 흔들어 준다.

(4) 여액을 필터(Whatman GFA glass microfibre)를 사용하여 진공여과 방법을 이용하여 여과한다.

(5) 여과된 액을 250ml의 분리여과기에 옮기고 100ml의 6% Na_2SO_4 용액을 넣어준 후 5분 동안 흔들어 준다.

(6) 유기용매와 물층이 분리되면 물층은 제거하고 유기용매층은 따로 분리하여 Kuderna Danish apparatus에 옮기고, 2ml의 부피가 남을 때까지 증발하도록 놓아둔다.

(7) 농축된 시료는 가스 크로마토그래피(GC-9A, Shimazu, Japen)을 이용하여 캡사이신 성분을 확인한다.

(8) 캡사이신 수득률 측정은 질산나트륨-몰리브덴 나트륨 정량 분석 방법으로 측정한다 (Li, 1994).

4. 질문

(1) 캡사이신은 최근에 비만치료제로서 많이 각광받고 있다. 캡사이신이 우리 신체의 생

화학적인 시스템에 어떤 작용을 하는지 설명하여 보시오.

5. 참고문헌

(1) Yin, R. et al., Chemosphere, 2003, 50(6) : 801−805.

(2) Li, X. X., Quality of fresh fruit and vegetable and analyses methods, 1994, China Agriculture Press, Beijing, China.

실험 27. 섬유질의 정량 분석

1. 실험의 목적

바나나로부터 섬유질 성분을 분석하여 본다.

2. 실험의 원리

분석시료

분석시료를 채취할 때에는 시료가 식품 전체의 성분조성과 일치하는 것이 좋은데 시료의 채취과정이 식품분석의 가장 중요한 한 부분이다. 시료의 채취는 식품의 양을 분석에 적당하도록 줄여주는 것이다. 감량과정에서 분석대상식품의 모든 부분을 골고루 포함하도록 가능한 한 많은 종류의 시료를 채취하여 혼합한다. 많은 식품의 경우에서와 같이 식품이 균일하지 않는 경우에는 마쇄 등의 방법으로 균일하게 만든 후에 채취하거나 부위별로 고르게 채취한다. 건조되기 어렵거나 변질 또는 부패되기 쉬운 시료는 밀폐된 용기에 저온보존하면서 시료를 이용하거나 어떤 경우에는 분석할 때마다 신선한 시료를 사용하는 것이 좋다. 시료 채취시 특히 주의해야 할 점은 충분한 양을 취하여 포장 및 저장시에 시료 채취일, 산지 또는 특이한 조건들을 기록해 두어야 한다.

식물 섬유질

인간이 소화관에서 분비하는 효소에 의하여 분해되지 않는 다당류와 lignin을 합한 것으로 정의된다.

섬유질 식품의 특징

식물성 식품에는 물, 묽은 산이나 묽은 알칼리, 알코올, 에테르에 용해되지 않는 불용성 물질들이 있다. 불용성 물질은 주로 무기염류와 섬유질로 구성되어 있고 섬유질은 식물성 성분에 많이 함유되어 있으며, Cellulose, Hemicellulose, Lignin, Pentosan 등이 있다. Lignin을 제외한 이들 섬유질은 탄수화물에 속하지만 인체 내에서 소화되지 못하여 에너지원이 되지 못한다. 일부 섬유질은 일체의 장내 세균들의 에너지원이 되어 유익한 장 내 세균을 증식하는 효과를 보인다. 이러한 효과를 가지는 성분을 비피더스 인자(bifidus factor)라고 부르는데 섬유질은 이로 인한 효과와 더불어 저 칼로리 성분이므로 체중을 조절하는 데 이용되어 다이어트 식품의 성분으로 이용된다.

3. 실험재료 및 방법

재료

(1) 시료 : 1.25% NaOH, 1.25% H_2SO_4, 바나나 1개.

(2) 기기 : 석면(길이가 2cm 이하가 되도록 잘게 썰어) 5% NaOH 용액과 함께 8시간 끓이고 물로 씻은 다음 묽은 염산(물 : 진한 염산 = 3 : 1)과 함께 8시간 가열한다. 그리고 600℃에서 가열한다. 여과관, 유리여과기(IG3), 회화전기로.

방법

(1) 바나나 1개 또는 곡류 10g을 시료로 사용하는데 바나나는 잘게 문질러서 시료로 쓰고 곡류는 잘 분쇄하여 채로 쳐서 5g 정도만 따로 덜어 작은 비커에 넣고 에테르를 소량씩 가하여 5~6회 기울여 따르기로 씻어낸 후 에테르를 증발시킨다.

(2) 시료를 석면과 함께 500ml의 삼각플라스크에 넣고 끓는 황산용액(1.25%) 200ml를 가한 후 환류 냉각기를 붙여 30분 동안 끓여준다.

(3) 거품 발생이 심하면 소포제로 1ml의 아밀 알코올을 첨가하고, 후드에서 실험을 진행한다.

(4) 공기 중에서 시료를 여과기를 이용하여 여과한 후 뜨거운 물로 찌꺼기를 씻어준다.

(5) 찌꺼기를 끓는 NaOH 용액(1.25%) 200ml와 함께 30분 동안 끓인다.

(6) 가열이 끝난 다음 유리여과기로 감압여과하고 찌꺼기를 소량의 뜨거운 물로 씻은 후 95% 에탄올 15ml로 씻는다.

(7) 찌꺼기가 들어 있는 유리여과기를 건조기(100℃) 속에서 1시간 동안 건조시킨 후 건조용기 속에서 식혀 무게를 단다(W_1).

(8) 여과기를 전기로 500℃에 넣고 1시간 동안 회분화시킨 후 전기로의 온도를 서서히 내려서 200℃ 이하가 되었을 때 여과기를 건조용기 속에 옮겨 넣고 냉각시킨 후 무게를 단다(W_2).

계산

$$섬유질함량\ \% = \frac{W_1 - W_2}{S} \times 100$$

W_1 : 여과 후 건조함량

W_2 : 회화 후의 건조함량

S : 시료 함량

4. 질문

(1) 섬유질 식품이 다이어트 식품으로 많이 이용되고 있는 이유를 설명하시오.

5. 참고문헌

(1) Meloan, C. E., and Pomeranz, Y., 1980, Food Analysis Laboratory experiments, AVI, Publishing Co., Westport, Conn.

실험 28. 과채류에 함유된 당의 정량 분석

1. 실험의 목적

감자로부터 탄수화물의 주성분인 당 함량을 측정한다.

2. 실험의 원리

탄수화물이 주성분인 감자의 총 당 함량을 측정하는 데 이용하는 방법으로 미량의 시료까지 측정이 가능하다. 실험의 기본 원리는 진한 황산을 첨가하면 고분자 당이 단당류로 가수분해되면서 탈수가 일어나 퍼퓨랄 또는 유도체로 전환된다. 이 물질은 페놀과 반응하면 오렌지색을 나타낸다. 미량의 당도 가수분해없이 단시간에 간단한 조작으로 정량 분석할 수 있는 방법이다.

3. 실험재료 및 방법

재료

(1) 시료 : 감자 2개, 5% 페놀 용액, 진한 황산, 포도당 표준용액(10~100/ml).
(2) 기기 : 유리여과기, 분광광도계.

방법

(1) 감자 2개를 잘 씻어서 껍질을 벗기고 잘게 썰어 믹서기로 간 다음 비이커에 넣어 증류수 50ml를 가하여 저어주면서 30분간 끓인다.
(2) 유리여과기로 여과한 뒤 더운 물로 2~3회 씻는다. 처음 시료와 함께 모은다.
(3) 시료용액 2ml를 시험관에 취하고 페놀용액 1ml를 가하여 잘 혼합한다.

(4) 시료에 진한 황산 10ml를 바로 가하여 발열과 함께 반응이 일어나도록 한다.
(5) 강하게 교반(vortex)을 한 뒤 실온에서 30분 정도 냉각시키고 470nm에서 흡광도를 측정한다.
(6) 포도당 표준용액도 0μg, 10μg, 20μg, 40μg, 100μg의 농도범위에서 같은 방법으로 실험을 진행한 뒤 흡광도를 측정하여 그래프에 표준곡선을 그린다.
(7) 감자에 함유되어 있는 탄수화물의 주요 단당류를 주로 표준용액으로 포도당을 사용한 표준 곡선을 이용하여 총 당의 함량을 산출한다.

계산

$$\text{총당함량\%} = \frac{\text{표준곡선 당함량}(\mu g/ml)}{S} \times 100$$

S : 샘플로 채취한 양(mg).
(전분이나 셀룰로오스 같은 고분자인 경우 = 위의 얻어진 값×0.9).

4. 질문

(1) 감자의 주성분인 단당류는 어떤 당인지 구조와 이름을 설명하시오. 그리고 다당류는 어떤 당인지 구조와 특성을 설명하시오.

5. 참고문헌

(1) Nielson, S. S., 1994, Introduction to the chemical analysis of foods, Jones and BartlettPub., Boston.
(2) Aurand, L. W., Woods, A. E., and Wells, M. R., 1987, Food composition and analysis, Van Norstrand reinhold Pub., New York.

실험 29. 무기물의 정량 분석

1. 실험의 목적

식품으로부터 무기물을 분리하여 정량 분석을 해 본다.

2. 실험의 원리

유기물을 태워 남는 것을 무기물이라고 한다. 식품에 존재하는 여러 종류의 무기물은 인체의 대사 및 기타 생리적 작용에 필수적이다. 식품이 함유하는 총 무기염류의 함량은 식품의 품질검사의 척도로 이용되기도 하는데 그 예로 밀가루의 도정도, 과실가공품의 과실함량 등을 동시에 예측할 수 있다.

회분화 온도가 지나치게 높을 경우 알칼리 금속의 염화물은 휘발되며 또 회분의 온도가 지나치게 낮을 경우 유기물의 연소로 생기는 CO_2의 일부는 탄산염의 형태로 회분 속에 남게 되므로 회분화 온도는 600℃ 정도가 적당하다.

3. 실험재료 및 방법

재료

(1) 시료 : 시료(분유, 밀가루).
(2) 기기 : 사기 도가니(25ml), 회화로(600℃), 데시케이터.

방법

(1) 먼저 깨끗이 씻어 말린 빈 사기 도가니의 뚜껑을 비스듬히 열어둔 채 회화로에서 600℃로 2~3시간 가열 후 건조용기 속에서 냉각시켜 무게를 잰다(W_0).

(2) 건조시킨 도가니에 시료 5g을 넣고 도가니와 시료의 전체의 무게를 잰다(W_1).

(3) 시료(1, 2)가 담긴 사기 도가니를 회화로에서 600℃로 가열하여 회분이 백색 내지는 회색이 되게 한다.

(4) 가열이 끝나면 냉각시킨 다음 데시케이터에 넣어 실온이 된 다음 무게를 잰다(S).

$$\text{회분\%} = \frac{(W_1 - W_0)}{S} \times 100$$

4. 질문

(1) 식품 중에 들어 있는 무기질의 종류는 일반적으로 어떤 종류들이 있는지 설명하여 보시오.

5. 참고문헌

(1) 박계인, 김재욱, 식품가공실험실습법, 1973, 향문사.

실험 30. 칼슘의 정량 분석

1. 실험의 목적

다시마가루와 멸치가루로부터 칼슘을 정량하여 본다.

2. 실험의 원리

칼슘은 천연에 많이 존재하며 동물이나 식물의 필수성분 중 하나로서 인체의 뼈와 치아의 주성분이며 기타 여러 가지 생리적 기능을 갖는다. 칼슘을 측정하는 데는 여러 가지 방법이 있으나 과망간산칼륨 용량법을 가장 많이 사용하고 있다. 칼슘은 건조하여 유기성분을 없앤 후 회화된 시료를 사용하여 측정할 수 있는데 여러 가지 방법이 있지만 실험실에서 사용되는 방법들은 칭량법(gravimetric method), 적정법(titration method), 흡광도법(spectrophotometric analysis)으로 구분한다. 칼슘을 암모니아용액에서 칼슘 옥살산염(calcium oxalate) 침전을 얻은 후 적정하는 정량 방법이 가장 보편적으로 이용되고 있다. 건식회화된 시료를 1%의 염산에 녹여 시료용액으로 사용한다. 이 용액에는 칼슘이 1~12mg 함유하도록 염산의 양을 사용하는 것이 바람직하다. 이 염산 시료에 옥살산 암모늄, 메틸레드 지시약, 요소를 차례로 가하고 약하게 가열한다. 이때 요소는 산성에서 서서히 암모니아와 이산화탄소를 생성하며 이 암모니아는 염산을 중화하여 pH를 상승시킴으로써 옥살산 칼슘 결정석출점에 도달하게 된다. 이 침전을 여과하여 분리하고 세척한 후에 묽은 황산으로 녹이고 용액 중의 옥살산을 $KMnO_4$로 적정한다.

이 과정에서 일어나는 화학반응은 다음과 같다.

$$CaCl_2 + (NH_4)_2C_2O_4 \rightarrow CaC_2O_4 + 2NH_4Cl$$

$$CaC_2O_4 + H_2SO_4 \rightarrow CaSO_4 + H_2C_2O_4$$

$$5H_2C_2O_4 + 2KMnO_4 + 3H_2SO_4 \rightarrow 2MnSO_4 + K_2SO_4 + 10CO_2 + 8H_2O$$

3. 실험재료 및 방법

재료

(1) 시료 : 옥살산 암모늄 용액(옥살산 암모늄[$(NH_4)_2C_2O_4$] 3.5g를 물 1L에 용해하여 100ml가 되도록 한 뒤 밤새 두고, 침전이 생기면 여과하여 제거함). 요소, 1.5% 암모니아수, 4% 황산용액, 0.02N $KMnO_4$용액, 0.02N 옥살산 표준용액으로 보정한다. 메틸레드 지시약 −0.1% 알코올 용액.

(2) 기기 : 페스쳐 파이펫, 뷰렛.

방법

(1) 회화된 멸치나 다시마가루 2g을 염산 40ml에 녹이고 메틸레드 지시약을 3~4방울, 옥살산암모늄용액 10ml, 요소 4.0g을 가하여 용해한다.

(2) 용해 중에 백색의 침전이 형성되면 시료에 칼슘의 양이 너무 많으므로 시료의 양을 1/2 또는 1/4로 줄인다.

(3) 비커를 약하게 가열하면 적색이 오렌지색으로 변하면서 옥살산 칼슘 침전이 형성된다. 용액이 등황색으로 되면 가열을 중지하고 실온에 2시간 이상 놓아둔다.

(4) 이때 용액이 25~30ml인 것이 좋다. 이 용액을 유리 여과기로 여과시킨 뒤 침전시키고 침전을 여과분리하고 세척한 후에 묽은 황산을 이용하여 녹이고 65~80℃로 가온하면서 0.02N 과망간산 칼륨액($KMnO_4$)으로 적정한다(V ml).

$$Ca(mg/100g) = 40.08 \times \frac{KMnO_4 \text{ factor} \times V}{\text{시료 채취량}(g)}$$

4. 질문

(1) 칼슘은 생체에서 어떤 생화학 메커니즘에 이용되며, 다시마가루와 멸치는 칼슘 외에 어떤 성분들이 많이 들어 있는지 설명하여 보시오.

5. 참고문헌

(1) 박계인, 김재욱, 식품가공실험실습법, 1973, 향문사.

(2) 연세대학교 식품공학과(편), 1989, 식품공학실험, 탐구당.

실험 31. 인의 정량 분석

1. 실험의 목적

곡류시료로부터 인(P)을 추출하여 Molybdenum blue(몰리브덴 청) 흡광도법에 따라 정량하여 본다.

2. 실험의 원리

식품 속의 인은 필수 영양소 중의 하나이며 대부분의 식품은 인을 많이 함유하고 있고 인은 중요한 무기원소 중의 하나이다. 하루 필요량은 성인 남자의 경우 800mg이다. 인이 많이 들어 있는 식품은 곡류, 두류, 야채류, 어패류, 육류 등이며 인은 뼛속에 많이 존재하며 인의 화학형태는 뼈를 제외하면 인산기를 포함하는 유기물질의 형태로써 인단백질, DNA, RNA, 인지질, 당인산 등의 중요한 구성 성분이다.

인의 정량 분석은 식품 중의 유기물질 형태의 인산화합물을 분해하여 무기의 PO_4^{-3}(O－인산)으로 바꾼 후에 측정하는 분석법, 몰리브덴산 적정법, Molybdenum blue 비색법이 있는데 여기에서는 가장 널리 이용되는 Molybdenum blue 흡광도법을 소개하고자 한다. Molybdenum blue 흡광도법은 시료 중의 인산과 ammonium molybdate가 반응하여 황색의 몰리브덴산을 생성시킨다. 다음 단계로 황색의 몰리브덴산을 환원제로 환원시키면($Mo^{+6} \rightarrow Mo^{+3}$) 파란색을 나타내게 되는데 이것을 molybdenum blue(몰리브덴산 청 비색법)라 하며, 이것을 650nm에서 흡광도를 측정하여 인의 함량을 정량한다.

3. 실험재료 및 방법

재료

(1) 시료 : 암모늄 몰리브덴{$(NH_4)6Mo_7O_{24} \cdot 4H_2O$}, 황산($H_2SO_4$), 하이드로퀴논($C_6H_6O_2$),

아황산나트륨(Na_2SO_3), Potassium dihydrogen(KH_2PO_4), 증류수, 곡류시료(조, 수수, 기장 등).

* **암모늄 몰리브덴산액** : ammonium molybdate{$(NH_4)6Mo_7O_{24} \cdot 4H_2O$} 24g을 300ml의 증류수에 녹여서 용액을 만든다. 물 150ml에 진한 황산 75ml를 조심해서 약간씩 넣으면서 녹이고 실온까지 냉각시켜서 ammonium molybdate를 녹여서 만든 용액에 조심스레 서서히 가하여 녹인 후 잘 섞어준다. 섞는 과정에 침전이 생기면 여과하여 여과된 용액만 사용한다.
* **Hydroquinone 용액** : 하이드로퀴논($C_6H_6O_2$) 0.6g을 물 100ml에 녹이고 진한 황산 1방울을 떨어뜨린다.
* **10% 아황산나트륨용액** : 고급의 무수 아황산나트륨(Na_2SO_3) 5g을 물 45ml에 녹여서 병에 뚜껑을 잘하여 보관한다.
* **P 표준용액** : 특급의 Potassium dihydrogen(KH_2PO_4)을 500ml 증류수에 0.2mg/ml가 되도록 용액을 만들고 진한 황산을 1~2방울 가하여 stock 용액으로 냉장고에 잘 보관하고 사용 전에 4배 희석하여 사용한다(0.05mg/ml P 표준용액).

(2) 기기 : 광전 흡광광도계.

방법

(1) 곡류시료(인 2~5mg 함유)를 취하여 회분하여 50ml의 증류수에 용해하여 규산을 제거한 여액 중에 2ml만을 50ml용 삼각플라스크에 취한다.
(2) 대조구로 P표준용액(1ml = 0.050ml P)의 2ml를 같은 플라스크에 취한다.
(3) 각각의 플라스크에 ammonium molybdate 용액을 4ml씩 가하고 잘 흔들어 혼합하여 몇 분 동안 실온에 놓아둔다.
(4) 시료와 대조구 용액 각각에 hydroquinone 용액 4ml와 아황산나트륨용액 4ml씩을 가하고 30분 동안 놓아둔다.
(5) 30분 뒤 모두를 650nm에서 흡광도를 측정한다.

계산

$$시료\ 100g\ 중의\ P의\ 함량(mg\%) = 0.1 \times A/A_0 \times V/v \times 100/S$$

0.1 : 흡광도 측정에 사용한 표준용액 2ml 용액 중의 P 함량(mg%)

A : 시료용액의 흡광도

A_0 : P표준용액의 흡광도

V : 시료의 시험용액 조제량(ml)

v : 흡광도 측정에 사용한 시료용액량(ml)

S : 채취한 샘플의 양(g)

4. 질문

(1) 우리 인체에서 인이 결합 형태로 되어 있는 유기물질을 찾아 분자식과 이름을 명명하고 중요한 생화학적 기능을 설명하시오.

5. 참고문헌

(1) 주헌규 외 5인, 1995, 식품분석법, 유림문화사.

실험 32. 철의 정량 분석

1. 실험의 목적

천연식품과 가공식품으로부터 철(Fe)의 함량을 정량하고 비교하여 본다.

2. 실험의 원리

철(Fe)은 인체에 있어 중요한 영양소이며 식품에서의 철 함량은 식품 100g당 수 mg 이하이기 때문에 철 섭취량은 결핍되기 쉽다. 철이 결핍되면 헤모글로빈의 생성이 방해되어 빈혈증의 원인이 된다. 최근에 우리가 많이 섭취하는 가공식품은 가공도가 높을수록 철 함량이 낮으며, 철 함량이 높으면 품질열화의 원인이 되므로 제조과정에서 철을 제거함에 따라 철 함량이 낮은 가공식품이 많다.

식품 중의 철 측정법으로는 *O*-phenanthoroline 비색법과 *Baso*-phenanthoroline 비색법이 많이 사용되고 있다. 본 실험에서는 *O*-phenanthoroline 흡광도법으로 철을 정량하고자 한다. 이 방법은 조작도 간편하고 정밀도와 정확도와 감도가 비교적 양호하다. 철을 정량할 때에는 시료조제에 철분이 들어가지 않도록 상당히 주의하여야 한다.

3. 실험재료 및 방법

재료

(1) 시료 : *O*-phenanthoroline{HCl($Cl_2H_8N_2 \cdot HCl \cdot H_2O$)}, Sodium citrate($Na_3C_6H_5O_7 \cdot 2H_2O$), 1% L-ascorbic acid 용액, 1% HCl, Iron(Ⅱ) ammonium sulfate [$Fe(SO_4)_2(NH_4)_2 \cdot 6H_2O$].

* ***O*-phenathoroline 용액** : *O*-phenanthoroline HCl($Cl_2H_8N_2 \cdot$ HCl $\cdot$ H_2O) 0.5g을 100ml의 증류수에 용해하고 폴리에틸렌 병에 넣어 냉암소에 보관한다.

* **Sodium citrate 용액** : $Na_3C_6H_5O_7 \cdot 2H_2O$ 50g을 물 200ml로 희석하고 폴리에틸렌 병에 넣어 냉암소에 보관한다.
* **Bromo phenol blue(BPB) 지시약** : BPB 0.05g을 비커에 넣고 0.05N-NaOH 용액 1.5ml를 가하여 증류수 120ml로 희석해서 교반기에 자석젓개를 넣어 4시간 정도 용해한다.
* **Fe표준용액** : 특급 Iron(Ⅱ)ammonium sultate $[Fe(SO_4)_2(NH_4)_2 \cdot 6H_2O]$ 0.70219g을 1% HCl에 용해하여 1l로 하여 폴리에틸렌 병에 넣은 후 사용한다. (0.1mgFe/ml)

(2) 기기 : 분광광도계.

방법

(1) 천연시료(쇠고기 또는 닭고기) 등과 가공식품(햄이나 소시지) 시료 등을 회화한 후 5g을 취하여(철 0.1~5mg 포함) 1%의 HCl 용액으로 여러 번 씻고 세액과 여액을 합하여 증류수로 50ml로 만든다.

(2) 각 시료 10ml(10~200㎍)를 25ml의 삼각플라스크에 취하고 대조구 pH 조절액으로 같은 시료 10ml를 각각 다른 삼각플라스크에 취한다.

(3) 다른 25ml의 삼각플라스크에 L-ascorbic acid 용액 1ml를 가하여 혼화시킨 다음 잠깐 놓아둔다.

(4) 대조액의 삼각플라스크에는 BPB 지시약 3방울을 가하여 준 다음, 뷰렛을 사용하여 Sodium citrate($Na_3C_6H_5O_7 \cdot 2H_2O$) 용액을 BPB의 황색의 거무스레한 황록색에 이르기까지 적하하여 pH 3.5~4.0으로 한다. 소요된 적하량(ml)을 기록한다.

(5) 각각의 시료가 들어 있는 삼각플라스크에 *O*-phenanthoroline 용액 25ml를 가하여 준 다음 대조액에서 소요된 Sodium citrate($Na_3C_6H_5O_7 \cdot 2H_2O$) 용액을 적하량만큼 가하고 물로 정용해서 혼화시키고 60분 이상 방치한다.

(6) 이때 등적색의 Fe(철) 착화합물의 형성이 완결된다(48시간은 안정).

(7) 분광광도계의 파장을 510nm로 맞추고 시료 용액의 흡광도(A)와 blank 용액의 흡광도(A_0)을 측정한다.

(8) Fe표준용액 10ml를 1% HCl 용액으로 10배 희석한다(100ppm). 이 용액을 각각 2, 5, 10, 15, 및 20ml를 각각 취하여 1% HCl 용액으로 5배 희석하면 각각 2, 5, 10,

15 및 20ppm의 측정용 Fe표준용액이 된다.

(9) Fe표준용액을 25ml의 삼각플라스크에 취하고 희석에 사용한 1% HCl을 Fe표준용액의 바탕용액으로 하고 1% HCl 10ml를 삼각플라스크에 취한 다음 표준용액의 흡광도(S) 및 1% HCl의 흡광도(S_0)를 각각 기록한다.

(10) 계산 : A의 Fe량-A_0의 Fe량(μg)을 구하여 채취한 1% 회화 시료용액의 Fe량 (μg)으로 한다.

계산

$$\text{시료 100g 중의 Fe량(mg)} = \text{Fe}(\mu\text{g}) \times \frac{V}{v} \times \frac{100}{S \times 100}$$

Fe : A의 Fe량−A_0의 Fe량(μg)을 구하여 채취한 1% 회화 시료용액의 Fe량(μg)

V : 시료를 회화하여 시료용액으로 했을 때의 정용량(ml)

v : 측정에 사용한 시료용액의 용량(ml)

S : 채취한 샘플의 중량(g)

4. 질문

(1) 천연식품과 가공식품의 철의 함량의 비를 계산하고, 이들이 생체의 생화학 작용에 미치는 영향을 비교하여 설명하시오.

5. 참고문헌

(1) 주헌규 외 5인, 1995, 식품분석법, 유림문화사.

(2) 박계인, 김재식, 식품가공실험실습법, 1973, 향문사.

실험 33. 식품의 Alkali도와 산도의 측정

1. 실험의 목적

식품으로부터 알칼리도(Alkalinity)와 산도(Acidity)를 측정하여 본다.

2. 실험의 원리

알칼리도

식품 100g을 태워서 얻은 회분을 중화하는 데 소비된 1N HCl의 ml 수 또는 1g의 식품에서 얻어지는 회분을 중화하는 데 필요한 0.1N HCl의 ml 수.

산도

식품 100g을 태워서 얻은 회분을 중화하는 데 소비된 1N NaOH의 ml 수 또는 1g의 식품에서 얻어지는 회분을 중화하는 데 필요한 0.1N NaOH의 ml 수.

알칼리도와 산도의 특성

식품은 자체의 pH와는 상관없이 동물이 섭취한 후 산성으로 또는 알칼리성으로 된다. 알칼리도는 식품의 성분 중에서 알칼리를 생성할 수 있는 K, Na, Ca, Mg 등과 같은 금속원소들은 $Ca(OH)_2$ · NaOH · KOH은 알칼리성 수산화물을 생성한다. 산도는 산을 생성할 수 있는 P, S, Cl들과 같은 원소들이 H_2SO4 · H_3PO_2 · HCl 등의 산성 물질을 만든다. 알칼리성의 수산화물을 만드는 원소가 많이 들어 있는 식품을 알칼리성 식품이라 하고 산성 물질을 만드는 원소가 많이 들어 있는 식품을 산성 식품이라 한다.

3. 실험재료 및 방법

재료

(1) 시료 : 0.1N NaOH 표준용액, 0.1N HCl 표준용액, 0.1% 메틸오렌지 지시약, 생선살코기, 쌀, 토마토, 사과.

(2) 기기 : 도가니, 전기로, 데시케이터, 비커, 뷰렛, 깔때기, 정량여지.

방법

(수용성 알칼리도와 산도 측정)

(1) 10g의 생선살코기, 쌀, 토마토, 사과 시료(시험관 1, 2, 3, 4)를 회분화시켜서 도가니에서 잘 갈아서 비커에 옮긴 후 100ml의 물을 넣어 2~3분간 가열한다.

(2) 약간 식힌 후 여과하여 고체 물질을 끓인 물질로 다시 씻어내어 여과액과 합하여 둔다. 불용성 고체시료는 냉장고에 보관한다.

(3) 여과된 시료액에 메틸오렌지 지시약을 가한 후 황색을 띠면 알칼리성이므로 0.1N HCl 표준용액으로 적정하고 여액이 등색이 되면 산성이므로 0.1N NaOH 용액으로 적정하여 소요된 ml 수를 시료의 건조 중량으로 나누어 알칼리도와 산도를 구한다.

* HCl의 농도를 농도계수를 구하여 보정해 준다.

$$\text{계산식 : 알칼리도 또는 산도 : } \frac{V \times F \times 100}{S}$$

V : 적정에 소요된 ml 수

F : 산 또는 알칼리 용액의 factor

S : 회화하기 전 시료의 양

(불용성 알칼리도와 산도)

(4) 수용성 알칼리도를 측정하기 위하여 여과액을 사용하였는데 불용성 알칼리도는 물에 녹지 않은 고형분을 분리하여 측정한다.

(5) 고형분에 15ml의 0.1N HCl 표준용액을 가하고 5분쯤 끓인 다음, 메틸오렌지를 사용하여 0.1N NaOH 용액으로 적정한다.

$$\text{알칼리도} = (F \cdot 15 - V \cdot F') \times \frac{100}{S}$$

F : 0.1N HCl 용액의 인자

F′ : 0.1N NaOH 용액의 인자

V : 적정에 소모된 0.1N NaOH 용액의 ml 수

S : 시료의 양(g)

총 알칼리도 = 수용성 알칼리도 + 불용성 알칼리도

만일 산성 성분이 많을 때에는 0.1N HCl 대신에 0.1N NaOH 용액으로 처리하고, 0.1N NaOH 용액 대신에 0.1N KCl 용액으로 적정하여 위와 같은 식으로 계산한다.

4. 질문

(1) 위의 실험결과를 기초로 산도와 알칼리도가 높은 식품들을 찾아보고 어떤 식품들이 중성의 성질을 가진 식품들인지 찾아보시오.

5. 참고문헌

(1) A.O.A.C., 1995, Official method of analysis, Association official analytical chemists, Washington, D. C.

(2) 박계인, 김재식, 식품가공실험실습법, 1973, 향문사.

실험 34. 비타민 B_1(thiamin)의 정량 분석

1. 실험의 목적

현미와 돼지고기로부터 비타민 B_1을 분리하여 본다.

2. 실험의 원리

비타민 B_1 (티아민)

비타민 B_1은 쌀눈, 배아, 돼지고기 등에 비교적 많이 존재하고 수용성 비타민이며 알칼리성에서는 불안정하여 분해하기 쉬우나 산성에서는 안정하다.

비타민 B_1은 생체육에서 비타민 B_1 pyrophosphate ester(thiamin diphosphate 염)로 존재하고 그 외에도 monophasphate, triphosphate ester 등으로 조직 중에 광범위하게 존재하며 carboxylase, transketolase 효소에 대하여 조효소로서 작용한다. 비타민 B_1이 결핍되면 식욕감퇴, 다발성 신경염, 각기병 등이 발생한다.

비타민 B_1의 측정방법

비타민 B_1의 정량 분석법은 디아조(diazo)법과 티오크롬(thichrome) 형광법 등이 있으나 본 연구에서는 thiochrome 형광법을 다루기로 한다. 티오크롬법은 천연물 중에 존재하는 미량의 비타민 B_1의 정량에 적용할 수 있고 기기의 발달로 혈청 속의 미량까지 정량할 수 있다. 일반적으로 천연물 중의 비타민 B_1은 유리형 뿐만 아니라 결합형도 존재하므로 식품에는 티아민이 단백질이나 전분과 결합하고 있는 것도 있기 때문에 적합한 전처리를 한 후에 티아민을 유리형으로 해서 정량해야 한다.

Thiochrome 형광법은 유리하는 비타민 B_1을 산성용액으로 침출하고, 저해물질을 제거하고 알칼리성에서 비타민 B_1 용액을 함유하는 용액과 thiochrome으로 변화시켜서 형광강도를 측정하는 방법이다.

3. 실험재료 및 방법

재료

(1) 시료 : thiamin(비타민-B_1), 고급 에탄올, 에탄올, potassium ferricyanide[$K_3Fe(CN)_6$], NaOH, 이소부틸알코올, NaCl, 돼지고기, 현미.

* **thiamin(비타민-B_1) 표준용액** : thiamin · HCl을 20%의 에탄올(pH 3.5~4.3)에 10μg/ml가 되도록 용해시킨다. thiamin 용액에 0.1N HCl 50ml를 가하고 95~100℃에서 30분간 끓인 후 냉각시켜 0.1N HCl 용액으로 100ml가 되도록 희석한다(1μg/ml).

* **산화제** : 1% potassium ferricyanide[$K_3Fe(CN)_6$] 4ml를 15% NaOH와 혼합하여 100ml로 만든다(사용 직전에 만들어 사용한다).

(2) 기기 : 원심분리용 시험관, 형광광도계.

방법

(1) 현미와 돼지고기 10g을 파우더 또는 걸쭉한 형태로 잘 갈아서 10배 정도 부피의 0.1N HCl을 가하고 95~100℃에서 30분간 자주 흔들면서 끓인다.

(2) 냉각한 다음 0.2~0.5μg 티아민/ml가 되도록 0.1N HCl로 1.5~2배로 희석한다.

(3) 원심분리관 6개에 labelling을 하고(원심분리관 1, 2, 3, 4, 5 and 6), 원심분리관 1, 2에는 현미시료 용액을, 원심분리관 3, 4에는 돼지고기 시료를, 원심분리관 5, 6에는 티아민 표준용액 5ml씩 취한다.

(4) 각각의 원심분리관에 NaCl 1.5g을 넣어 준다.

(5) 원심분리관 1, 3, 5에 potassium ferricyanide[$K_3Fe(CN)_6$] 용액 3ml를 넣고 잘 흔들어 준다. 그리고 isobutyl alcohol 13ml를 넣고 vortex를 하여준다.

(6) 원심분리관 2, 4, 6에는 potassium ferricyanide[$K_3Fe(CN)_6$] 용액 대신에 15%의 NaOH 용액 3ml를 가하고 잘 섞어준 후 isobutylalcohol 13ml를 넣고 vortex하여 준다.

(7) 각 원심분리관에 isobutylalcohol을 적당량을 가한 후, 2분간 잘 흔들어 준 다음 1000rpm에서 원심분리한다.

(8) 각 원심분리관으로부터 상등액을 얻어서 10ml를 취하여 티오크롬의 형광을 큐벳을 사용하여 365nm와 435nm에서 형광을 측정한다. 원심분리관 1, 2, 3, 4, 5, 6 등의 상등액의 형광을 측정한 값을 1′, 2′, 3′, 4′, 5′ and 6′라 한다.

주의 : 티오크롬은 자외선에 의해 쉽게 분해되기 때문에 재빨리 측정하도록 한다.

$$\text{현미 시료용액 5ml 내의 비타민} - B_1(\mu g) = \frac{1' - 2'}{3' - 4'}$$

* 돼지고기 시료용액 5ml 내의 비타민-B_1의 양도 같은 식으로 계산한다.

4. 질문

(1) 비타민 B_1의 생체 내에서의 생화학 반응은 주로 조효소로서 작용한다. 생체에서 비타민 B_1이 조효소로 관여하는 생화학 반응의 예를 들어서 메커니즘을 설명하여 보시오.

5. 참고문헌

(1) 주현규 외 5인, 1995, 식품분석법, 유림문화사.
(2) 박계인, 김재식, 식품가공실험실습법, 1973, 향문사.

실험 35. 비타민 B_2(Riboflavin)의 정량 분석

1. 실험의 목적

우유로부터 리보플라빈을 분리하여 본다.

2. 실험의 원리

비타민 B_2 (리보플라빈)

비타민 B_2는 리보플라빈 또는 락토플라빈이라고 불리며 우유, 육류, 계란 등에 많이 함유되어 있다. 중요한 작용으로는 성장 촉진인자로 알려져 있다. 리보플라빈은 강산성 및 알칼리성에는 잘 용해되나 중성의 물에는 극히 소량 용해되고 황록색의 형광을 발생한다. 특히 리보플라빈은 산성에는 가열에 대해 안정하지만 알칼리성에는 불안정하고 특히 빛에 의해 분해되기 쉬운 성질을 가지고 있다.

비타민 B_2의 작용

리보플라빈은 생체 내에서 인산에스테르화하여 flavin mononucleotide(FMN)가 되고 또 5′-adenic acid가 pyrophosphate와 결합하여 flavin adninnucleotide(FAD)가 되어 황색 효소들의 조효소로써 전자전달계의 산화환원반응에 관계한다.

리보플라빈

리보플라빈을 측정하는 방법에는 여러 방법이 있으나 보통 루미플라빈(lumiflavin) 형광법을 많이 쓴다. 리보플라빈은 광선을 조사할 경우 루미플라빈으로 변화한다. 그래서 루미플라빈 형광법이라 불리는데 lumiflavin법은 감도 및 정밀도가 매우 우수하고 특히 식품 중의 리보플라빈 측정에 많이 이용된다. 그러나 lumiflavin 형광법은 철 함량이 높은 식품을 측정할 때에는 철성분을 황산철로 만들어 제거하여야 한다.

Lumiflavin 형광법의 원리

이 방법의 중요한 원리는 우유나 식품을 먼저 산성에서 가열하여 리보플라빈을 추출한 후 냉각시키고 리보플라빈을 알칼리성에서 빛을 조사하여 광분해를 시켜 lumiflavin으로 변화시킨 다음, lumiflavin을 클로로포름(chloroform)에 옮겨서 황색의 형광강도를 측정한다.

Luminflavin 형광법은 식품 중에 함유되어 있는 미량의 리보플라빈을 측정하는 데 유용하며 정밀도가 있지만 알칼리성에서 광분해할 경우에 리보플라빈(riboflavin)이 100% lumiflavin으로 변하지 않는 어려움도 있다. 식품 중의 리보플라빈은 유리형으로뿐만 아니라 핵산과 결합하고 있는 것도 있고 지용성 유도체로 된 것도 있어 알맞은 전처리를 하여 유리형으로 먼저 한 다음에 분석하여야 한다.

3. 실험재료 및 방법

재료

(1) 시료 : chloroform(형광성이 없는 것), 1N-HCl, 1N NaOH, 빙초산, $KMnO_4$, H_2O_2, NaS_4O_4, 우유.

* **리보플라빈 표준용액** : 리보플라빈을 1% 초산으로 25μg/ml의 농도가 되도록 만든다. 원액 1ml를 50배 희석하여 정량용 표준용액으로 사용한다.

(2) 기기 : 추출병(갈색병), 광분해 장치 : 상부에 형광등을 붙이고 측면에 빛이 난사되도록 만든 상자, 형광광도계, 원심분리관.

방법

(1) 우유 25ml를 100ml의 플라스크에 넣고 0.1N HCl를 가하여 80℃의 물을 가한 다음 80℃ 중탕기에 넣고 20분간 혼합하면서 가열한다.

(2) 시료를 냉장고에 넣어 10분간 냉각시킨 후 잘 교반하면서 NaOH를 넣어 pH 6.0이 되게 하고 그 다음에 1N HCl을 넣어 pH 4.5가 되게 하여 준다. 시료에 물을 넣어 100ml로 만들어 주고 여과한다.

(3) 여과액 50ml에 1N HCl을 떨어뜨려 침전이 생기지 않게 되면 중지한다. 그리고 같은 양의 1N NaOH를 계속 저으면서 떨어뜨려 준다.

(4) 물을 넣어서 시료를 100ml로 부피를 맞추어 준다.

(5) 원심분리관 1과 2에 각각 시료 10ml, 물 1ml를 넣어 섞어 주고, 다른 2개의 원심분리관 3, 4에 시료 10ml를 넣고 정량용 비타민 B_2 표준용액 1ml(0.5㎍)을 넣고 잘 섞어 준다.

(6) 원심분리관 1, 2, 3, 4에 각각 1ml의 빙초산을 가하고 잘 섞은 다음, 3% $KMnO_4$ 용액을 0.5ml를 넣고 2분간 놓아둔다.

(7) 그리고 H_2O_2 0.5ml를 넣고 잘 섞어 준다. 이때 적색이 나타나는데 곧 바로 없어져야 한다. 주시험의 형광을 측정한다.

(8) 약 20mg의 $Na_2S_2O_4$를 섞고 10초 이내에 형광을 측정한다. 그리고 첨가 실험의 형광을 측정한다.

계산

시료 1g 중의 비타민 B_2(μg/g) =

$$\frac{A-C}{B-A}\times\frac{0.5}{10}\times\frac{100}{50}\times 100\times\frac{1}{a}=\frac{A-C}{B-A}\times\frac{10}{a}$$

A : 주시험의 측정치

B : 첨가시험의 측정치

C : NaS_2O_4를 섞은 후의 측정치

a : 시료 채취량(g)

4. 질문

(1) 생체 내에서 리보플라빈의 조효소로서의 생화학적인 작용을 설명하고 관여하는 효소와의 생화학 촉매 반응의 메커니즘을 설명하시오.

5. 참고문헌

(1) 박계인, 김재식, 식품가공실험실습법, 1973, 향문사.

실험 36. 비타민 C의 추출

1. 실험의 목적

오이로부터 색소 세포의 기능을 억제하여 색소 생성을 억제하는 비타민 C를 천연물로부터 분리하여 본다.

2. 실험의 원리

신선한 오이 재료를 사용하여 비타민 C를 분리하는 과정은 단순하지만 비타민 C는 공기와 자외선 등에 특히 약하다. 비타민 C를 분리하는 과정에서 비타민 C의 효과와 효능에 대하여도 자료를 찾아 탐구하여 본다.

비타민 C의 효과 및 효능

비타민 C는 유해산소의 공격을 방어하는 항산화제이고 콜라겐 합성을 도와주고 태양광선으로부터 피부의 손상을 줄여 준다. 또한 유리 산에 의한 피부 염증을 완화하고 튼살, 임신선, 성장선의 개선을 도와주고 비타민 E의 재생을 도와준다.

또한 비타민 C는 필수 유기물이면서 체 내에서 합성되지는 않지만 우리 몸에 없어서는 안 될 필수 영양소이다. 피부미용과 건강에 관여하는 비타민은 비타민 A, D, E와 수용성인 비타민 C, B의 복합체이다. 비타민 C는 음식물의 섭취만을 통해서는 피부에 전달되지 못하므로 피부 표면에 전달될 수 있는 매개체의 필요성이 대두되었다. 비타민을 화장품의 원료로 사용하기 시작한 것은 최근의 일이며 특히 항산화물질로 알려져 있는 비타민 E의 경우 대다수의 보습제품과 자외선 차단제품에 많이 쓰이고 있다.

3. 실험재료 및 방법

재료

(1) 시료 : 오이(Cucumber), NaF, Oxalic acid, 메탄올.
(2) 기구 : 믹서기(Ultra Turrax), 카트리지(Sep-Pak C-18), HPLC.

방법

(1) 10g의 잘게 자른 오이를 추출 용액인 4mM NaF를 함유하는 9.5%(w/v) Oxalic acid 5ml, 메탄올(v/v) 5ml, 증류수 30ml에 30분 정도 담가둔다.
(2) 혼합용액을 믹서기(Ultra Turrax)를 사용하여 30초 동안 잘게 갈은 다음 여과지를 통하여 여과시킨다.
(3) 여과지를 통과한 여과액을 모은 다음 원심분리기를 사용하여 11,340xg에서 25분 동안 원심분리한다.
(4) 원심분리한 상등액은 활성화된 카트리지(Sep-Pak C-18 cartridge)를 사용하여 걸러낸다.
(5) 카트리지를 통과한 액은 0.45um 필터를 사용하여 여과하여 향장품 성분으로 사용할 수 있다. 좀 더 정밀한 실험을 위해서는 HPLC(High Performance Liquid Chromatography)를 사용하여 분석한 후 사용한다.
(6) 비타민 C의 함량은 Zapata 방법으로 측정한다.

4. 질문

(1) 비타민 C는 생체의 생화학 반응에 어떤 중요한 역할을 하는지 예를 들어 설명하여 보시오.

5. 참고문헌

(1) Zapata et al., 비타민-C 함량결정, J. Food Sci., 1992, 57 : 506-511.

(2) Antonelli, M. L. et al., Talanta, 2002, 58(5) : 961-967.

(3) Tudela, J. A. et al., Postharvest Biology and Technology, 2002, 26(1) : 75-84.

실험 37. 비타민 C의 정량 분석 -Hydrazine 비색법

1. 실험의 목적

비타민 성분이 많이 함유된 과일이나 채소로부터 히드라진 비색법을 이용하여 비타민 C를 분리하여 본다.

2. 실험의 원리

비타민 C

인체에 필요한 비타민 중 가장 중요한 비타민 중의 하나인 비타민 C는 아스코빅산(Ascorbic acid)으로 알려져 있다. 아스코빅산은 영양적인 성분으로도 중요하지만 산화화원반응에 의한 항산화제로서 최근에 각광을 받고 있다. 그 외에도 기능성 화장품인 미백 크림의 성분으로도 이용되고 있다. 식품 중의 비타민 C의 함량은 아스코빅산(Ascorbic acid : AA)과 디하이드로아스코빅산(dehydroascorbic acid : DAA)의 총량으로 측정되며 이들은 인체 내에서 생리효과가 거의 같다고 알려져 있다. 그러므로 비타민 C의 정량은 AA와 DAA의 총량을 동시에 측정할 필요가 있다.

두 종류를 동시에 측정하는 방법으로는 히드라진(hydrazine) 비색법과 형광법이 이용되고 있다. 이들 방법들은 AA를 적당한 산화제로 DAA로 변화시킨 다음에 이미 존재하는 DAA와 합쳐서 총 비타민 C를 측정한다.

Hydrazine 비색법의 원리

시료를 metaphosphoric acid 용액으로 추출하여 일정 용액으로 한 다음에 환원형 비타민 C(AA)의 모두를 2,6-dichlorophenol indophenol(DNP)로 산화시켜서 산화형 비타민 C(DAA)로 만들고 여기에 2,4-dinitrophenylhydrazine(DNP) 용액을 가하여 적색의 Osazone을 생성한다. Osazone에 황산용액을 가하여 탈수시키면 등적색의 무수물, 즉

bis-1,4-dinitrophenyl hydrazine으로 변환되어 고농도의 황산용액 중에서 안정된 정색 반응을 나타낸다. 이 시료를 파장 520nm에서 흡광도를 측정하여 표준 AA의 정색과 비교하여 총 비타민 C의 함량을 계산한다. 별도로 일정량의 시료로부터 DCP(Dichlorophenol indophenol)로 산화하지 않고 원래 시료용액 중에 존재하는 DAA 만을 측정한다.

3. 실험재료 및 방법

재료

(1) 시료 : 2,4-디클로로페놀인도페놀(2,4-dichlorophenol indophenol), 티오우 레아인산 용액(thiourrea metaphosphoric acid), 메타인산용액(metaphosphoric, 메타 HPO_3), HPO_3, H_2SO_4, 2,4-dinitrophenylhydrazine, 실리카, 오렌지, 상추.

* 0.2% 2,4-디클로로페놀 인도페놀(2,4-dichlorophenol indophenol). 시료를 녹일 때 약간 열을 가해준다.
* **2% 티오우레아인산용액(thiourea metaphosphoric acid)** : thiourea 2g을 2% 메타인산 용액(metaphosphoric, 메타 HPO_3) 50ml에 녹이고 물로 100ml가 되게 한다.
* **DNP 용액(2,4-dinitrophenylhydrazine)** : 2g의 DNP를 9N H_2SO_4 100ml에 녹인다.
* **비타민 C 표준용액** : 비타민 C 100mg을 2% HPO_3에 녹여서 100ml로 만든다. 이 용액의 0.25ml, 0.5ml, 1.0ml, 1.5ml, 2.0ml 그리고 2.5ml를 각각 2% HPO_3 100ml로 부피를 맞춘다.

(2) 기기 : 분광광도계.

방법

(1) 오렌지와 상추 시료 10g을 잘 마쇄하여 막자사발에 담고 5배 부피의 5% 인산용액을 가한 후 실리카를 넣고 마쇄한 후 여과액을 얻는다. 최종 용액의 농도가 2%의 인산용액이 되게 맞추어 준다.

(2) 시험관 1, 2, 3, 4, 5, 6을 준비하여 1, 2, 3, 시험관은 오렌지 실험, 4, 5, 6은 상추

실험을 한다. 1과 4는 시료용액 2ml씩 넣고 총 비타민 C 분석용, 2와 5는 산화용 비타민 C 분석용, 3과 6 시험관은 대조구 시험용으로 한다.

(3) 시험관 1과 4에 0.2% 인도페놀(2,4-디클로로페놀인도페놀 2,4-dichlorophenol indophenol) 용액을 1방울 가하여 분홍색으로 변하는 것을 확인한다. 6개의 시험관에 2%의 티오우레아 인산용액(thiourea metaphosphoric acid)을 2ml씩 가한다.

(4) 시험관 1과 2, 4와 5에 DNP(2,4-dinitrophenylhydrazine) 용액을 1ml씩 가하고 37℃에서 3시간 놓아둔 뒤 시험관 3, 6과 함께 얼음 위에서 냉각시킨다.

(5) 시험관 1, 2, 3, 4, 5, 6에 각각 85% 황산 용액을 5ml씩 조심스럽게 첨가하고 잘 섞어 준다.

(6) 혼합 후 시험관 3과 6에 DNP 용액 1ml를 가하고 3개의 시험관 모두를 실온에서 30~40분간 놓아둔다.

(7) 비타민 표준용액들에 대하여도 위의 시료들과 같은 방법으로 처리하여 510~540nm에서 흡광도를 측정하여 표준곡선을 만든다. 시료의 경우는 시험관 3과 6을 대조구 시험으로 하여 시험관 1, 2, 4, 5의 흡광도를 측정한다.

계산

$$\text{총 비타민 C의 함량(mg\%)} = \text{C1(mg)} \times \frac{\text{시료용액총량(ml)}}{2 \times \text{시료채취량(g)}} \times 100$$

C1 : 표준곡선으로부터 구한 비타민 C량(총 비타민 C의 경우)

산화형 디하이드로아스코브산 함량(DAA)(mg%) =

$$\text{C2(mg)} \times \frac{\text{시료용액총량(ml)}}{2 \times \text{시료채취량(g)}} \times 100$$

C2 : 표준곡선으로부터 구한 비타민 C의 양(산화형 비타민 C의 경우)

아스코브산(AA)의 양(mg%) =

총비타민 C의 양(mg%) − 산화형비타민 C의 양(mg%)

4. 질문

(1) 산화형 디하이드로 아스코브산(DAA)과 환원형 아스코브산(AA)의 생체 내에서의 안정도의 차이를 설명하고 중요한 생화학적 메커니즘을 설명하여 보시오.

5. 참고문헌

(1) 주현규 외 5인, 1995, 식품분석법, 유림문화사.
(2) 한국생화학회, 실험생화학, 3판, 1999, 탐구당.

실험 38. 비타민 C의 정량법-AOAC 정량법

1. 실험의 목적

형광광도법은 AA(ascorbic acid)를 산화하여 DAA(dihydroascorbic acid)로 하고 여기에 *O*-phenylenediamine(OPDA)을 반응시켜 자청색의 형광물질인 quinoxaline 유도체로 하여 형광광도를 측정한다. 형광물질의 생성에 필요로 하는 시간은 비교적 짧고 조작이 가능하기 때문에 총 비타민 C 또는 산화형과 환원형의 분별 측정이 앞의 hydrazine 비색법보다 단시간에 수행할 수 있는 장점이 있다. 이 방법에서는 AA산화제로는 AOAC 법(association of official chemists, 미국인증기관)에서 사용하는 활성탄이 아닌 비교적 조작이 간단한 2,6-dichlorophenol indophenol(DCP) 산화에 의한 방법을 소개하고자 한다.

2. 실험의 원리

AOAC법은 아스코르브산이 색소인 2,6-dichlorophenol indophenol에 의해 산화되어 디하이드로아스코브산이 된다. 이때 색소는 환원되어 무색으로 된다. 따라서 일정량의 색소용액에 비타민 C 용액을 적정하여 용액의 붉은색이 소실되는 점을 종말점으로 하고 색소의 적정량으로부터 비타민 C의 함량을 구할 수 있다. 이 색소는 중성에서 파란색이지만 산성에서는 붉은색이 된다.

* 아스코브산 + 디크로로페놀 인도페놀(붉은색) = 디하이드로아스코브산+(무색)

3. 실험재료 및 방법

재료

(1) 시료 : 2,6-디클로로페놀 인도페놀, 옥살산, KH_2PO_4, NaOH, 오렌지.

* 2,6-디클로로페놀 인도페놀 용액 : 0.1g의 2,6-디클로르페놀 인도페놀을 물 195ml에 용해시킨 후 clark의 인산염 완충용액(pH 7.0)을 5ml를 가한다(냉암소에 보관).
* **아스코브산 용액** : 아스코브산 농도가 0.5mg/ml가 되도록 1% 옥살산 용액에 용해한다.
* **Clark의 인산염 완충용액(ph 7.0)** : 0.2M KH_2PO_4 5ml에 0.2N NaOH 29.6ml를 섞는다.

(2) 기기 : 막자사발.

방법

(1) 오렌지 10g을 압착하여 과즙을 만들고 걸러준다. 여과액 5ml를 삼각플라스크에 넣고 1% 옥살산으로 묽혀서 50ml의 부피로 희석한다.

(2) 쑥갓 5g을 막자사발에 넣고 1% 옥살산 용액 10~15ml를 넣고 파쇄한 후 여과한다. 여과액을 1% 옥살산으로 희석하여 50ml로 맞춘다.

(3) 2,6-디클로로페놀 인도페놀용액 2ml를 아스코브산 용액으로 적정하여 1ml에 의해 산화되는 아스코브산의 용량(mg)을 확인해 둔다. 색소의 붉은색이 없어지는 때를 종말점으로 한다.

(4) 2ml의 2,6-디클로로페놀 인도페놀용액을 비커에 넣고 각 시료용액으로 적정한다. (3)에서 얻은 값과 비교하여 시료용액 속의 아스코브산 함량을 구한다.

계산

$$\text{아스코브산함량(mg/g)} = \frac{A \times D}{C \times D}$$

A : 색소의 사용량(ml)

B : 색소 1ml에 의해 산화된 아스코브산의 양(mg)

C : 시료 액의 적정값(ml)

D : 시료용액 1ml에 해당되는 시료량(g), 희석배수

4. 질문

(1) AOAC는 무슨 용어의 약자인지 찾아서 쓰시오.

(2) 2,6-디클로로페놀인도페놀에 대한 구조식과 색소 액으로 사용되는 특이성을 구조식을 이용하여 설명하여 보시오.

5. 참고문헌

(1) 주현규 외 5인, 1995, 식품분석법, 유림문화사.

(2) 한국생화학회, 실험 생화학, 1997, 탐구당.

4장

생화학 반응의 응용

실험 39. 혈액으로부터 여러 가지 물질의 분리

1. 실험의 목적

혈액으로부터 여러 가지 단백질과 그 외의 성분들을 분리하여 본다.

2. 실험의 원리

혈액은 생물적 특징을 갖춘 적혈구, 백혈구 및 혈소판이 떠돌아다니는 혈장(plasma)이라는 액체로 이루어져 있다. 적혈구는 폐로부터 세포로 산소를 운반하는 복합 단백질인 헤모글로빈을 포함한다. 백혈구는 박테리아나 이 물질을 공격, 파괴하여 감염으로부터 신체를 보호하는 기능을 담당한다. 혈소판은 혈액 1mm^{3}당 150,000~300,000개가 있으며 이들은 혈액응고에 관여한다. 또한 혈액에는 12개의 혈액응고인자가 있다.

혈장액체를 분리하기 위해서는 실온에서 혈액을 한 30분간 놓아두었다가 원심분리하여 혈장보다 밀도가 높은 혈구를 침강시켜 분리한다. 혈장은 90~92%의 물과 8~10%의 용질로 구성되어 있는데 용질의 대부분은 혈장 단백질이다. 혈장 단백질은 그들의 용해도 특성과 분리 방법에 따라 알부민, 글로불린 및 피브리노겐의 세 가지 부류로 구별한다. 알부민은 혈액의 삼투압 유지와 완충능력을 가지며, 글로불린은 지질을 운반에 관여하며 또한 항체를 포함한다. 피브리노겐은 혈액응고에 관여한다.

적혈구가 소금물에 들어가면 세포벽은 삼투막처럼 행동한다. 즉, 농도 차가 존재하는 경계 면에서 양편의 농도 균형을 이루기 위해 농도가 높은 곳에서 낮은 곳으로 용질이 이동하는 것이 아니라 용매가 반대방향으로 이동한다. 적혈구의 내부에는 분자나 이온들인 용질의 농도가 일정하다. 따라서 적혈구가 내부보다 낮은 농도의 용액(저장액, hyponic)에 들어가면 세포의 내부와 외부의 농도 균형을 위하여 세포 안으로 물이 들어간다. 세포는 팽창하게 되고 결국 터진다. 이것을 용혈 현상(hemolysis)이라 한다. 세포 내부보다 농도가 높은 용액을 고장액(hypertonic)이라 하는데 고장액에서는 반대의 현상이 일어난다. 즉 세포 내부의 물이 밖으로 나와 세포는 수축되어 파괴된다. 세포 내부와 같은 용도의 내부 용액은 등장액(isotonic)이라 하며, 이때는 아무런 변화가 없다. 적혈구 세포가 파괴되면 내부의 물질들이 주변 용액으로 흘러나오는데 이들의 대부분은 헤모글로빈 단백질이다. 주변 용액의 색이 붉게 되는 것으로 세포의 파괴를 알 수 있다.

3. 실험재료 및 방법

재료

(1) 시료 : 옥살산 칼륨, 혈액, 질산, 질산은, 황산구리, 황산암모늄, 수산화나트륨.
(2) 기기 : 원심분리기, 여과기.

방법

(혈장으로부터 단백질의 분리)

(1) 혈액을 채취하는 즉시 20% 옥살산 칼륨을 혈액 5ml당 1방울의 비율로 섞는다.
(2) 옥살산 칼륨은 혈액 응고에 관여하는 칼슘이온과 옥살산 칼슘을 형성하여 침전되므로 응고를 방지한다.
(3) 시험관에 혈액 5ml씩 넣고 2시간 정도 놓아두거나 10,000rpm에서 10분간 원심분리를 하면 혈구세포는 침전하게 되고 상등액인 혈장을 얻는다.
(4) 시험관에 혈장 2ml와 물 2ml를 넣고 흔들어 잘 섞는다.
(5) 포화 황산암모늄 용액 1ml를 넣고 여과하여 여과액을 얻는다. 침전된 단백질은 피브리노겐이다.
(6) 여과지에 존재하는 피브리노겐의 양이 많지 않으므로 눈으로 확인하기 어렵다. 따라서 비우렛 시험으로 존재를 확인해야 한다(비우렛 시험-부록 참조 : 10% NaOH 2ml와 5방울의 1% $CuSO_4$).
(7) 단계 5에서 얻은 여과액에 물 2ml와 포화 황산암모늄 용액 4ml를 넣는다.
(8) 여과하여 남은 침전에 비우렛 시험을 하여 단백질이 검출되었는지 확인한다. 단백질이 검출되면 이 침전은 글로불린 단백질(항체단백질)이다. 여과액은 다음 단계를 위하여 보존한다. 피브리노겐은 황산암모늄 포화용액의 양이 전체의 1/4일 때 침전되

고, 글로불린은 1/2일 때 침전된다.

(9) 보존한 여과액을 2ml를 취하여 같은 양의 물을 넣어서 묽힌 후 비우렛 실험을 하여 본다. 단백질이 검출되면 이 단백질은 알부민이다. 알부민 단백질을 얻기 위하여 여과액을 가열한다.

(혈액으로부터 단백질을 제외한 성분들의 분리)

혈장에 존재하는 물질 중 단백질을 제외한 유기물은 글루코오스, 우레아 및 크레아티닌이며 무기물은 염소, 인산 및 중탄산 이온이다.

글루코오스, 인산 등은 이미 3장에서 분석하여 보았다. 여기에서는 염소 이온과 크레아티닌 성분에 대하여 분석하여 본다.

(10) (9)에서 보존한 여액으로 염소 이온성분에 대한 실험을 위하여 여액 1ml에 묽은 질산 4방울과 묽은 질산은 용액 10방울을 넣는다. 침전의 색을 관찰하여 기록한다.

(11) 크레아티닌에 대한 실험으로 시계접시에 포화 피크르산 용액 1ml와 10% NaOH 용액 1ml를 넣고 여액 1ml를 넣어 잘 섞는다. 크레아티닌-피크르산 착물의 색을 관찰한다.

4. 질문

(1) 혈장 단백질인 피브리노겐이 어떤 단백질인지 그리고 기능이 무엇인지 자료를 찾아서 자세히 설명하여 보시오.

(2) 혈장 단백질과 적혈구 단백질인 헤모글로빈의 차이점이 무엇인지 설명하여 보시오.

5. 참고문헌

(1) Stryer, Lubert, Biochemistry, 1988, 3rd, ed., Freeman.

(2) 손기남, 홍남주, 생물유기화학실험, 2001, 미학사.

실험 40. ELISA(Enzyme-Linked Immuno-Sovent Assay) 반응-효소에 결합한 면역흡착제 분석법

1. 실험의 목적

최근 질병의 진단에 널리 이용되는 ELISA 반응에 대하여 실험하여 본다.

2. 실험의 원리

ELISA 반응

ELISA 반응은 외래 물질인 항원과 체내에서 B-림프구에 의하여 생성되는 항체가 결합하는 반응으로 면역반응(Humoral immunity)을 담당한다. ELISA 반응의 가장 뚜렷한 특징은 항체의 항원특이성이다. 즉, 항체는 항원과 매우 특이적으로 결합한다. ELISA 반응을 측정할 수 있는 방법에는 여러 가지가 있다. 항체에 의한 항원의 응집(Agglutination)이나 침강(Precipitation)과 같이 일차 항원-항체 반응(Primary antigen-antibody reaction)을 이용하는 방법들은 신속하게 반응결과를 알아낼 수 있다는 장점이 있지만, 감도(Sensitivity)가 낮다는 약점이 있다. 최적 조건하에서 이러한 방법들은 대량 1~100ng의 항체를 검출할 수 있다.

ELISA 반응의 발색 반응

여러 종류의 단백질 항원을 Plastic microtiter wells(96 wells)에 물리적으로 흡착시킨다. 흡착되지 않은 항원은 씻어 제거한 뒤, 항혈청과 반응시키면 Plate well에 흡착된 항원과 항혈청 내의 항체(일차 항체)가 항원-항체 반응에 의하여 특이적으로 결합하게 된다. 항원과 결합하지 않은 항체는 제거하고, 효소가 표지되어 있는 항글로불린(Antiglobulin : 2차 항체)을 넣어 주면 항원과 결합한 1차 항체에 결합한다. 이 발색 반응에는 항체의 표지에 주로 많이 이용되는 효소로서 Peroxidase와 Alkaline phosphatase가 있다. 마지막으로, 이러한 효소에 대해 적절한 기질을 넣어 주면 효소에 의하여 기질이 변형되어 발색 반응이 나타나는데 이를 시각적, 광학적으로 측정한다.

Microtiter plate에 결합한 항원(Ovalbumin)이 아닌 단백질도 이러한 원리로 검출할 수 있다. 먼저 전기영동에 의하여 단백질을 분리한 후 Western blotting을 하여 단백질을 nitrocellulose membrane에 옮긴 후 membrane에 있는 단백질 중에 찾고자 하는 단백질에 대한 항체와 결합시키면 1차 항체와 결합한 단백질(항원)을 찾을 수 있다. 검출 방법은 2차 항체에 결합된 표지효소(alkaline phosphatase)와 기질의 작용에 의하여 찾고자 하는 단백질 band가 보라색을 나타낸다.

3. 실험재료 및 방법

재료

(1) 시료 : Ovalalbumin, anti-ovalalbumin 혈청, 완충용액(Na_2CO_3, 3.18g과 $NaHCO_3$ 5.84g in 1L H_2O, Horseradish peroxidase-conjugated goat anti-rabbit IgG(2차 항체), 묽힌 완충용액(0.5M K_2HPO_4 100ml와 0.5M KH_2PO_4, 30ml, Tween-20, 0.5ml, NaCl 8.5g을 섞어 1L로 만든 용액, 세척을 위한 완충용액(묽힌 완충용액 +Tween-20), 기질 완충용액(K_2HPO_4, 11.85g, Citric acid 11.73g을 pH 4.0에서 1L로 만듦). 기질(2,2-azino-di-{3-ethylbenziazoline sulfonic acid(diammonuim salt)를 50ml 기질 완충용액에 녹이고 10μl 30% H_2O_2 10μl를 넣음}.

(2) 기기 : microtiter plate, 파이펫만, microtiter plate reader.

방법

(1) Microtiter plate well 11개에 ovalbumin을 완충용액에 10μg/ml로 희석한 뒤 100μg씩을 파이펫팅한다. 12번째 well은 바탕시험으로 남겨 둔다.

(2) 그 다음 줄의 각 well에 100μg의 완충용액을 넣어 준다.

(3) Microtiter plate를 wrap으로 잘 싸서 37℃에서 30분간 반응시킨다. 반응이 진행되는 동안에 Anti-ovalbumin serum(1차 antibody)을 50배에서 시작하여 10의 배수로 묽

힘 완충용액에 희석한다. 시리즈로 하여 10 종류까지 희석한다.

(4) 각 well들을 세척 완충용액으로 여러 번 씻어 주고 모든 완충용액을 깨끗하게 제거한다.

(5) (3)에서 시리즈로 희석한 anti-ovalalbumin serum(1차 항체) 100㎍ 씩을 각 줄의 well에 넣어 주는데 이때 최초 묽힌 액을 첫 번째 well에, 마지막으로 묽힌 혈청을 10번째 well에 넣어 준다.

(6) 다시 microtiter plate을 wrap으로 씌운 후 37℃에서 30분간 반응시킨 후 각 well을 세척 완충용액으로 씻어 준다.

(7) 표지 유전자인 Horseradish peroxidase로 표지된 Goat anti-rabbit IgG(2차 항체)를 희석 완충용액에 500배 희석하여 100㎍ 씩을 각 well에 넣어 준다.

(8) Microtiter plate를 wrap으로 씌운 후 37℃에서 30분간 반응시킨 후 peroxidase 표지 유전자에 대한 기질을 기질 완충용액으로 준비하여 100㎍ 씩을 각 well에 넣어 준다. 다시 wrap을 씌운다.

(9) 실온에서 30분간 반응시키고 발색을 육안으로 관찰한 뒤 Microtiter plate reader를 이용하여 540nm에서 O.D.를 측정한다. 이때 기기의 O.D.를 항원바탕실험(첫 번째 줄의 12번째 well)을 0으로 보정을 하고 첫 번째 줄의 측정치에서 두 번째 줄의 해당 항체 대조구에서 측정된 것을 뺀 후에 최종 값을 구한다.

4. 질문

(1) 2차 항체에 Alkaline phosphatase 유전자가 표지되면 발색 반응을 나타내기 위한 기질 반응에는 어떠한 물질들이 있으며, 보통 보라색을 나타내는데 이들이 어떤 메커니즘으로 특유의 발색을 나타내는지 설명하여 보시오(힌트 : 항원-항체를 제조하는 회사의 web site에 들어가서 ELISA assay kit의 alkalie-phoaphatase 표지 유전자의 발색 반응에 대한 설명을 이해한다).

5. 참고문헌

(1) Koneman, et al., diagnostic Microbiology, 1992, J. B. Lippincott Co.

실험 41. 소변으로부터 여러 성분의 분석

1. 실험의 목적

각자의 소변 성분의 단백질의 양, 색깔, 혼탁도, pH 및 적정 산도를 알아본다.

2. 실험의 원리

뇨의 성분

뇨는 많은 고체 노폐물(0~4%)이 물(0~96%)에 녹아 있는 영액이며 정상적인 성인은 하루에 1~1.5L의 뇨를 배설한다. 그러나 그 양은 매일 일정하지는 않다. 뇨의 부피는 설사, 과도한 땀의 분비, 고열 및 섭취하는 음식, 음료, 염분 등에 따라 다르다. 정상적인 뇨의 색은 담황색이며 옅은 냄새가 난다. 뇨의 색은 소량의 염료가 존재하기 때문이며 가장 중요한 염료는 유로크롬(urochrome)이다. 뇨의 평균 비중은 약 1.008~1.030g/mL이다. 이 값으로부터 크게 벗어나면 몸에 이상이 생겼음을 의미한다. 뇨는 보통 약산성(pH 5.5~7.0)이지만 pH가 증가하거나(알칼리혈증) 감소하기도(산혈증) 한다.

뇨의 무기 이온

뇨에 들어 있는 무기 이온들은 Cl^-, SO_4^{2-}, PO_4^{3-}, HCO_3^-, Na^+, NH_4^+, K^+인데 염화나트륨은 뇨 속의 무기물 중 가장 중요한 것인데 매일 10~15g 배설된다. 요소, 요산 및 크레아틴은 소변에 가장 많이 존재하는 유기물 중 세 가지이다. 요소는 아미노산이나 다른 질소화합물의 최종 대사의 생성물이다. 요산은 퓨린 염기의 대사에서 생성되며 소변에 녹아 있는 고체 중 가장 풍부하다(30g/일). 크레아틴은 인산크레아틴 분해의 최종 생성물이다. 인산크레아틴은 인산기를 ADP(adenosine diphosphate)에게 전이하고 크레아틴으로 전환되므로 크레아틴은 탈수되어 고리형 무수물인 크레아티닌의 형태로 배설된다. 뇨를 분석하면 여러 가지를 진단할 수 있다. 앞서 말한 유기물과 무기물 외에도 뇨는 단백질, 당, 케톤체, 혈액 및 담즙을 포함하기도 한다. 이러한 비정상적인 성분들이 소변에서 발견되면 어떤 종류의 대사적 질병이 존재함을 의미한다.

뇨단백질

뇨는 약간의 단백질을 포함하는데, 이들 중 대부분은 혈액의 알부민(albumin)이다. 건강한 사람은 하루에 50~150mg의 단백질을 배설한다. 근육을 심하게 사용하면 250mg 이상의 단백질이 배설된다. 무작위로 추출한 소변 시료는 100ml당 10mg 미만의 단백질을 포함하지만 아침에 일어난 직후의 소변은 100ml당 15~20mg의 단백질을 포함한다. 단백뇨(proteinuria)는 뇨에 이러한 정상치보다 많은 단백질이 포함되어 있는 것을 말하고 모든 단백뇨가 임상학적으로 위험한 것은 아니지만 만일 계속적으로 높은 값을 나타내면 신장이나 요도에 병이 존재한다고 볼 수 있다. 따라서, 뇨단백질을 검출하고 정량하는 것은 매우 중요하다.

뇨의 당분

방금 배설한 뇨는 100ml당 10~20mg의 글루코오스를 포함한다. 보통 많은 양의 당분을 섭취한 직후나 마취, 기절 또는 감정적으로 스트레스를 받은 직후에는 뇨 속의 글루코오스가 증가한다. 당뇨(glucosuria)를 유발하는 요인은 간의 손상이나 당뇨병이다. 후자는 인슐린의 부족과도 연관된다. 당뇨병 환자는 소변 100ml당 0.5~12g의 글루코오스를 배설한다. 따라서 소변 중의 글루코오스 수준을 측정하는 것은 당뇨병을 밝혀내고 관리하는 데 매우 중요하다.

뇨와 당뇨병

당뇨병에 걸리면 뇨의 산도를 높이는 케톤체의 배설이 일어나기도 한다. 뇨에 혈액이 포함되면 신장이 손상되었거나 요도에 문제가 있는 것이다. 장애성 황달(obstructive jaundice)은 다량의 담즙색소를 뇨로 배설하도록 한다. 이것은 담즙관이 박혀 있기 때문이며, 결과적으로 회백색의 대변으로 나타난다.

소변으로 병의 진단

병원 실험실에서는 이러한 비정상적인 물질의 존재를 검출하는 목적으로 보통 상업적으로 시판되는 정제나 띠로 된 진단 시약을 사용한다. Bili-Labstix는 pH, 단백질, 글루코오스, 케톤체, 혈액 및 담즙 색소 측정 등 다목적으로 사용하는 진단 시약이다. 또 다른 다목적 진단 시약으로는 Uristix와 Combistics 진단 시약이 있다. 전자는 소변 중의 단백질과 글루코오스를 검출하는 시약을 셀룰로오스 띠에 스며들게 한 것이며 후자는 단백질과 글루코오스뿐만 아니라 pH까지 측정할 수 있다.

뇨의 색깔(color)

뇨의 배설량은 거의 일정하므로 뇨량이 많아지면 색깔이 연해지고 뇨량이 줄면 짙어진다. 요량이 적음에도 불구하고 뇨의 색깔이 연할 경우 신장 기능의 부전에 기인할지도 모른다.

뇨의 혼탁도(turbidity)

건강한 사람의 뇨는 투명하다. 그러나 상온에서 방치하면 다음 성분이 석출됨으로써 혼탁하게 된다. 즉, 산성뇨에서는 옥살산칼슘(calcium oxalate), 요산(uric acid) 등이 석출되고, 알칼리성뇨에서는 인산염 및 탄산염이 석출된다. 혼탁한 뇨를 원심분리하다 침전물을 현미경으로 검사하면 염의 종류를 분별할 수 있다. 그 밖에 점액이나 백혈구 등으로 인해 혼탁하게 되는 경우도 있다. 병적인 혼탁은 농뇨(pyuria), 혈뇨(hematuria), 지방뇨(lipiduria), 유미뇨(chyluria) 등에서 볼 수 있다.

뇨의 냄새(odor)

정상 뇨의 고유한 냄새, 즉 지린내는 뇨 속의 미량 성분인 휘발성 유기산에 기인한다(aromatic odor). 또 섭취한 음식물이나 약물에 따라 특유한 냄새가 나는 경우도 있다. 뇨를 방치하면 세균에 의한 분해로 말미암아 암모니아가 발생한다. 그러나 신선한 뇨에서 암모니아 냄새가 난다는 것은 방광에 염증이 있음을 시사한다. 또 부패한 냄새는 농의 분해로 생긴 NH_3와 H_2S에 기인하는 것으로, 요로에 화농성 염증이 있거나 방광에 종양이 있기 때문일 것이다. 아세톤의 특유한 냄새는 케톤뇨임을 가리킨다.

뇨의 pH

건강한 사람의 뇨의 pH는 5.0~7.0으로서 약한 산성이지만, 4.6~8.0 사이에서 변동할 수 있다. 24시간 뇨의 pH는 약 6.0이다. 근년에는 주로 시험봉으로 측정한다. 뇨의 pH는 인산염으로 좌우된다. $NaH_2PO_4 : Na_2HPO_4$의 비율이 클수록 산성 쪽으로 기울어지고, 비율이 작을수록 알칼리성 쪽으로 기울어진다. 이 비율은 혈액의 pH를 조절하는 신장 세뇨관 기능에 의하여 결정된다. 알칼리성 뇨에서의 $H_2CO_3 : NaHCO_3$의 비율도 뇨의 pH를 나타내는 한 척도가 된다. 단백질을 많이 섭취하면 대사 최종산물로서 SO_4^{2-} 및 H_2PO_4를 배설하게 됨으로 뇨는 산성으로 되기 쉽다. 유기산의 Na 및 K염을 비교적 많이 포함하는 야채 및 과일을 많이 섭취하면 뇨는 알칼리성 쪽으로 기울어진다. 아시도시스(acidosis), 심부전, 신장염, 당뇨병, 굶주림, 설사, 고열 등의 경우 산성뇨를 배설하고, 알칼로시스(alkalosis), 구토, 요로계의 감염 등의 경우에는 알칼리성 뇨를 배설한다.

뇨의 적정산도(titratable acidity)

24시간 뇨의 산도를 적정하는 데 소비되는 0.1N NaOH의 ml 수를 적정산도라고 한다. 적정산도의 측정에 있어서 25ml의 뇨에 5g의 옥살산칼륨 분말과 1% 페놀프탈레인용액 1~2방울을 가하고 잘 섞은 후 0.4N NaOH로 적정한다. 가령 이때 0.1N NaOH 10ml가 소비되었다면, 24시간 뇨(총부피 : 1,000ml)의 적정산도는 다음과 같다.

$$\frac{1000}{25} \times 10 = 400$$

건강한 사람의 뇨의 적정산도는 200~500(평균 350)이다. 주로 채식을 하였을 때는 이 값이 낮아지고, 주로 육식을 하였을 때는 높아진다. 적정할 때 옥살산칼륨을 넣은 것은 인산칼륨이 중화점에서 침전을 일으켜 종점을 흐리게 하는 것을 막기 위함이다.

3. 실험재료 및 방법

재료

(1) 시료 : 뇨 50ml, 질산, 염산, 염화바륨, urease, 탄산나트륨, Benedict 요산 시약, Benedict 시약.

(2) 기기 : 리트머스 시험지.

방법

(1) 황산 음이온의 검출을 위해서는 시험관 2개에 자신의 소변과 건강인의 소변을 4ml씩 담는다. 각 시험관에 묽은 질산 10방울을 넣은 후 각 시험관에 묽은 염산 1~2ml를 넣고 끓는 물중탕에 5분간 담근다. 시험관을 꺼내어 식힌 후 0.1M 염화바륨 용액 1ml를 넣고 관찰한다.
(2) 우레아(Urea)의 검출을 위해서는 시험관 2개에 자신의 소변과 정상인의 소변을 10ml씩 따로 담근다. 각 시험관에 새로이 준비한 우레아 분해효소(urease) 용액을 2ml씩 넣는다. 내용물을 잘 섞어 20~30분간 방치한 후 시험관이 끓을 때까지 가열하여 발생하는 증기에 리트머스 시험지를 적신다. 증기의 냄새를 조심스럽게 맡아 본다.
(3) 요산의 검출을 위하여 시험관 2개에 자신의 소변과 정상인의 소변을 1ml씩 따로 담는다. 각 시험관에 탄산나트륨 포화용액 10ml와 Benedict 요산 시약 1ml를 넣는다.
(4) 단백질의 검출을 위해서는 시험관에 진한 질산 2ml를 넣고 시험관을 기울인 후 자신의 소변 2ml를 시험관 벽을 따라 조심스럽게 흘려 넣어 층을 만든다. 정상인의 소변도 똑같이 실험하여 본다.
(5) 글루코오스의 검출을 위해서는 깨끗한 시험관 2개에 Benedict 시약 5ml를 담아 끓는 물중탕에 5분간 넣어 둔다. 각각의 시험관에 자신의 소변과 정상인의 소변을 각각 8ml씩 넣고 완전히 섞은 후 다시 물중탕으로 5분간 가열한다. 다음의 방법으로 글루코오스의 농도를 결정한다: 녹색, 약 0.5% ; 연녹색, 약 0.75% ; 노란색, 약 1% ; 주황색, 2% 이상.

4. 질문

(1) 뇨당 검사에서 양성이 나오면 혈당검사를 받아 당뇨병을 진단하는 데 뇨당 검사의 원리와 혈당 수치는 어느 정도이어야 당뇨병으로 진단되는지 설명하여 보시오.
(2) 최근에 국내의 한 벤처의 임상실험에서 대두로부터 추출한 피니톨(Pinitol)은 인체에

서 인슐린의 작용을 도와준다는 연구가 발표되어 인슐린의 신호전달체의 작용이 정상적으로 이루어져 혈당 조절에 도움을 주는 물질로 알려지게 되었다. 그러면, 피니톨은 어떠한 물질이며, 당뇨병에 어떠한 메커니즘으로 작용하는지 생화학적 기작으로 설명하여 보시오(벤처 : 아미코젠㈜).

5. 참고문헌

(1) 손기남, 홍남주, 생물유기화학실험, 2001, 미학사.

실험 42. 간의 기능 검사(Van der Bergh 반응)

1. 실험의 목적

간 기능 검사를 위하여 빌리루빈의 양을 측정하여 간의 기능을 점검하여 본다.

2. 실험의 원리

간 기능 검사는 간 질환의 유무와 그 감별 진단 및 그 정도와 예후의 판단, 치료 방침의 결정에 중요한 역할을 한다. 일반적으로 간은 대상 능력이 크기 때문에 간의 70~80%가 나빠져 있지 않는 한 기능 검사는 정상인 경우가 많다. 그럼으로, 간 전체가 나빠지는 간염이나 간경변증에서는 간 기능 검사의 양성률이 높지만, 간암이나 간농양과 같이 병변이 국한되어 있을 때는 음성을 나타내는 경우가 적지 않다. 또 간 기능 검사의 대부분이 특이하지 않아 간 질환 이외에도 양성으로 나타나기 때문에 주의해야 한다.

간염

간장염이라고도 하며 간 질환의 대부분을 차지하는 것으로서 크게 급성간염과 만성간염으로 나눈다. 급성간염은 막연한 명칭으로서, 간의 급성·실질성 상해의 거의 전부를 포괄하는 넓은 개념이지만, 실제는 바이러스의 감염으로 생기는 간염이 대부분이고, 간독·화학약품·의약품 등으로 생기는 중독성 간염도 비교적 많다. 바이러스성 간염은 유행성 간염(A형)과 혈청간염(B형)의 2종류가 있는데, 이들은 모두 전염성 질환이지만 감염 경로는 다르다. 감염 경로로 유행성 간염바이러스는 혈액·십이지장액·대변 중에서 증명되므로 전염된 물·음식을 통하여 경구 감염되거나 환자와의 직접 접촉에 의해서 감염된다. 급성간염의 진단은, 이러한 자각증세나 황달, 간 비대 등의 타각증세 외에 간 기능 검사나 복강경, 간생검 등에 의해서 한다. 경과는 급성간염은 약 70%가 대개 1~3개월 이내에 치유되지만 빨리 치료되지 않는 것 중 15%가 만성간염으로 이행하며, 그 일부는 간경변증으로 이행한다. 급성간염 중에는 때로는 10일 이내에 사망하는 전격성간염이라고 하는 것도 있다. 만성간염으로 이행하는 것에는 무황달성 간염이 많다. 만성간염은 간 질환 중에서 많은 부분을 차지하는 병이지만, 그 정의가 어렵고 학자간에도 의견이 다르나, 급성간염과 간경변증과의 중간적인 존재로 믿으려고 하는 것이 세계적인 경향이다. 일반적으로 급성간염이 4~6개월을 경과하고도 잘 치유되지 않는 경우, 간생검 또는 임상소견과 간 기능 검사 등으로 진단한다. 증세는 일반적으로 특정적인 자각증세가 없고 전신권태·피로감·식욕부진·구역질과 상복부의 팽만감 등이며, 간이 커져서 딱딱하게 만져지고 압통이 있다. 진단은, 먼저 간 기능 검사를 해야 하며, 이때 혈청 트란스아미나제(GOT·GPT) 활성 치의 상승, 브롬설파레인 시법(BSP)의 이상치, 혈청 교질 반응의 이상 등이 나타난다. 또 복강경 검사나 간생검이 더욱 진단을 확실하게 한다.

혈청간염

혈청간염은 오로지 비경구적 감염으로 환자의 혈청, 혈액의 주사, 환자의 혈액에 감염된 주사기 등으로 감염된다. 잠복기는 유행성 간염이 2~6주간이고, 혈청간염은 6주~6개월 가량된다. 혈청간염은 유행의 계절·연령과는 관계가 없으나, 유행성 간염은 주로 가을에서 겨울에 걸쳐 많고 청소년에 많다. 증세는 발병하기 1주일 전부터 온몸이 노곤하고 식욕이 떨어지며 두통이 있고 상복부에 불쾌감이 생기는데, 유행성 간염에서는 황달이 나타나기 전에 발열(38℃ 전후)이 있을 때가 많고 수일 후에 해열된다. 또, 관절·허리가 아플 때도 있어 처음에는 감기로 오인할 때가 많다. 혈청간염은 이러한 초기 증세가 가볍고 서서히 발병하는 것이 많다. 주증세는 위장 증세와 황달이며, 식욕부진·구토·구역질, 상복부의 둔통 등이 일어나며, 발병 후 4~5일에 황달이 나타난다. 황달은 1주일을 전후하여 최고에 이르며, 그 후 1개월 사이에 없어지면서 다른 증세도 좋아진다.

간암

처음부터 간에서 생기는 원발성 간암과 다른 장기에 발생한 암이 간에 전이되어 생기는 전이성 간암이 있다. 원발성 간암은 간세포에서 발생하는 간세포암(hepatoma)과 담관상피세포에서 발생하는 담관암(cholagiocarcinoma)이 있으며, 드물게 소아에서 발생하는 간아세포종(hepatoblastoma)이 있다. 일반적으로 간암이라고 하면 대부분 간세포에서 기원하는 간세포 암을 말한다. 원인은 대부분이 불분명하지만 간경변이 있는 경우가 많으며, 간경변이 있는 환자와 만성 활동성 B형 간염, 혹은 B형 간염 보균자에서 간암이 잘 생기는 것으로 밝혀져 있다. 증세는 서서히 나타나며, 초기에는 잘 알 수 없으나 식욕부진, 체중감소, 복통 등을 일으킨다. 주로 간장이 커져서 우상복부에서 딱딱하게 만져짐으로써 알 수 있는 경우가 많다. 간은 그 크기가 점점 커져서 정상시의 2~3배에 이를 수 있으며, 그 표면이 불규칙한 결절상의 종괴로 울퉁불퉁하다. 간암은 어느 정도 진행하면 급격하게 전신쇠약이 오며, 경과가 매우 빨라서 곧 말기에 이른다. 말기에 이르면 여러 가지 증세가 나타나는데, 종괴에 의한 담도의 압박으로 황달이 나타나고, 또 복부내장의 혈류장애로 복수가 생기기도 한다. 복수는 황색일 때가 많고 때로는 혈액이 혼합되어 있을 때도 있다.

또 담도에 2차적으로 세균이 침입하거나 암조직이 파괴되어 다른 암일 때보다 열이 나는 경우가 많다. 이렇게 간이 나빠져 있어도 임상적으로 간 기능 검사를 하면 심한 변화를 볼 수 없을 때가 많다. 이는 간 중에 암이 생기지 않은 건강한 부분이 일부 존재하기 때문이다.

간암의 진단

진단은 환자의 병력, 진찰 소견 및 여러 가지 검사들이 종합되어 이루어진다. 흔히 사용되는 검사로는 간 기능 검사, B형 간염 표식자검사, 간 동위원소 촬영, 복부 초음파검사, 복부 컴퓨터 단층촬영, 간 혈관조영술, 간 조직검사와 혈중 AFP(α-fetoprotein) 등이 있다. 이상의 소견을 종합하여 간 절제의 적응, 수술의 방법, 대증용법 등의 치료방향을 결정한다.

간암의 치료

간 절제가 가능할 때는 간 절제수술이 최상의 방법이다. 요즈음은 간 외과의 진보에 따라 간 절제가 비교적 안정하게 시술되지만, 대부분의 간암은 늦게 발견되는 경우가 많아 극히 드문 경우에서 수술적인 방법이 시술된다. 방사선 요법이나 항암제는 아직은 간암에는 특별한 효과가 없는 것으로 생각되며, 최근에는 간동맥 색전술(hepatic artery embolization)이 절제 불가능한 간암환자에서 생존율을 증가시키는 효과가 있는 것으로 보고되고 있다.

이 병의 경과와 예후는 환자의 상태와 암의 진행 정도에 따라 다르지만, 일반적으로 평균 생존기간은 진단 시점을 기준으로 6개월 정도이나 근래에는 많이 연장되고 있다. 극히 불량한 예후와 효과적인 치료방법의 부재로, 최근에는 조기발견에 대한 노력과 B형 간염에 대한 철저한 관리를 통해 예방하려는 쪽으로 의학적인 관심이 모아지고 있다.

전이성 간암

원발성보다 훨씬 많고 대부분 위암・대장암 등으로부터 전이가 많고, 다음으로 췌장암・담낭암・폐암・유방암 등에서 전이된다. 간 조직검사를 통해 확진하며, 치료는 원발성 간암의 방법과 비슷하다. 대체로 병의 경과와 예후는 원발성 간암보다 더 불량한 것으로 알려져 있다.

간 기능 검사

간세포(hepatocytes)에서 생산되는 효소를 포함한 많은 종류의 단백질과 이와 관련된 물질을 측정하는 화학검사를 간 기능 검사라 한다. 간 기능 검사는 간의 건강상태를 반영하는 지표로 이용된다. 간 기능 검사법의 종류도 많지만 간의 역할은 그보다 복잡하기 때문에 한 종류의 간 기능 검사를 실시하고 그 검사 결과로 간 기능을 판단하는 것은 매우 위험하다. 그러므로 여러 종류의 검사를 실시하여 각 검사의 결점을 서로 보완할 수 있도록 해야 한다. 간 기능 검사에는 감도가 예민한 것(BSP・CCF・트랜스아미나아제・콜린에스트라아제・尿우로비리노오겐)과 둔한 것(혈청단백・프로트롬빈・혈중젖산・피루브산・콜레스테롤比・혈중 암모니아)이 있는데, 가벼운 간 장애는 감도가 예민한 것으로는 나타나지만 둔한 검사로는 나타나지 않고, 장애가 어느 정도 진행되어야만 둔한 검사에 검출될 때가 있다. 그러므로 간 기능 검사로서 검사의 검도를 선택할 때 충분히 고려해야 한다.

간의 실질장애를 진단하기 위해서는 혈청단백(알부민 및 글로불린 분획)・혈청교질반응(CCLF・TTT)・혈청효소(트랜스아미나아제・콜린에스트라아제)・혈청빌리루빈・BSP 등의 검사가 필요하며, 담도폐색(쓸개즙정체)의 진단에는 알칼리 포스파타제・콜레스트롤・혈청빌리루빈 등의 검사가 특히 진단 상 유익하다. 극도로 진행된 간 장애의 경우

(간성혼수)에는 혈중 암모니아・젖산이 현저하게 상승한다.

간 기능 검사로서 간 질환의 예후를 어느 정도 추측할 수 있는가에 대하여 알아보면, 우선 황달이 있는 환자에서는 혈청 빌리루빈이 계속해서 증가하면 병변이 진행하는 것을 의미하며, 간 실질장애로 간염인 경우 트랜스아미나아제가 점점 높아지면 간염이 진행하는 것을 의미하나 다른 기능 검사가 강양성인데 트랜스아미나제가 반대로 떨어지면 예후는 오히려 중증을 의미하는 경우가 있어 주의가 필요하다. 혈청알부민・콜레스테롤의 연속적 저하와 글로불린의 상승은 간경변증과 같은 만성간질환의 진행을 의미한다.

혈액검사를 통하여 정상치의 기준을 알아보면 다음과 같다.

① **GOT, GPT** : GOT는 글루타민산 옥살로 초산 트랜스아미나아제라는 효소의 약칭이다. 정상치는 카르멘 단위로 하여 30단위 이하이고, GPT는 글루타민산 피르빈산 트랜스아미나아제라는 효소의 약칭으로 25단위 이하가 정상치이다.

② **ALP, -GTP** : ALP는 알칼리포스파타제라는 효소의 약칭으로 킹 암스트롱 단위로 하여 3~12단위가 정상치이다. -GTP는 글루타밀 트랜스펩티타제라는 효소의 약칭으로 남성이 40단위 이하, 여성이 30단위 이하이다.

③ **TTT, ZTT** : TTT는 티몰 혼탁 반응으로 0~5단위, ZTT는 교질 반응 즉 유산아연시험의 약칭으로 4~12단위가 정상치이다.

④ **BSP, ICG** : 둘 다 간장 속의 이물 가운데 하나인 색소로, 이것을 정맥 내에 주사하여 일정 시간이 지난 뒤 혈액 속에 남아 있는가를 조사하는 검사이다. BSP는 45분에 5% 이하, ICG는 15분에 5% 이하가 정상치이다.

⑤ **바이러스마커** : 간염 바이러스의 일종으로 A형・B형이 있는데 이 바이러스에 감염되면 혈액 속에 항원이나 항체가 나타난다. 이것을 바이러스마커라고 하며, 감염 확인 또는 병의 상태를 아는 데 중요한 검사이다.

간 및 담도계 배설능

본 실험에서는 담즙의 구성 성분인 빌리루빈과 간세포 기능 검사에 집중하여 연구 실험하고자 한다. 빌리루빈(Bilirubin)은 헤모글로빈의 구성 성분인 heme(헴)의 대사산물이다. 빌리루빈의 3/4는 헤모글로빈으로부터 그 외는 다른 heme 단백인 catalase, cytochrome p450, myoglobin 등으로부터 만들어진다.

총 빌리루빈

총 빌리루빈은 직접 빌리루빈(포합 빌리루빈)과 간접 빌리루빈(비포합 빌리루빈)의 합이다. 빌리루빈은 유기 음이온으로서 물에 용해도가 낮기 때문에 생성 후에 혈중 알부민과 가역적인 이온결합을 하여 간으로 운반된다. 간에 도달한 빌리루빈은 알부민과 분리되어 간세포에 섭취된다. 여기서 두 분자의 glucuronic acid에 의하여 conjugation(포합)되면 수용성으로 변하게 된다. Heme(헴)으로부터 만들어진 직후의 포합되기 전의 빌리루빈을 비포합 빌리루빈(unconjugation)이라 한다. 이런 비포합 빌리루빈은 혈중에 증가된다 할지라도 정상적으로 알부민은 사구체를 통과하지 못하기 때문에 소변에는 검출되지 않으나 뇌, 태반, 장, 담낭을 자유로이 통과한다.

빌리루빈 측정

빌리루빈은 자체적으로 455nm에서 노란색을 띠므로 분광광도계로 측정이 가능하다. 직접 분광광도계를 이용할 때의 검체는 신생아 피부 천자(skin puncture) 혈액을 이용하여 전용 빌리루빈 측정기를 이용한다. 신생아의 빌리루빈치가 20mg/dL 이상이 되거나 증가속도가 크면 핵황달을 일으킬 위험이 있다. 일반적으로 신생아가 아닌 경우는 정맥혈로 'Diazo 반응(Van der Bergh 반응)'으로 측정한다. 즉, sulfanilic acid, hydrochloric acid, sodium nitrate의 존재 하에 자색의 azobilirubin이 생성되어 이를 비색법으로 측정한다. 직접 빌리루빈이라고 하는 것은 빌리루빈 중 수용성 분획만 측정하는 것이며 이는 대략 포합(conjugated bilirubin)의 양을 반영한다. 이에 비해 용해제 또는 촉매제인 theophylline이나 methanol 같은 물질을 시약에 포함시켜 지용성인 비포합 빌리루빈까지 함께 용해시키면 총 빌리루빈(total bilirubin)을 측정할 수 있게 된다. 간접 빌리루빈은 총 빌리루빈에서 직접 빌리루빈을 뺀 값으로 산출하며 이는 비포합형 빌리루빈의 양을 반영한다. 포합형 및 비포합형 빌리루빈의 측정을 위해서는 TLC나 HPLC(high pressure liquid chromatography)를 사용하여야 한다. 때로는 직접 빌리루빈은 실제적으로 포합빌리루빈보다 더 높은 정도로 나타내어진다.

3. 실험재료 및 방법

(담즙의 배설기능 측정)

재료

(1) 시료 : Diazo reagent(0.1% sulfanilic acid solution + 0.5% sodium nitrate) : 부록 참조, 혈청.

(2) 기기 : 분광광도계(455nm), 시험관.

방법

(1) 주시험 : 시험관 4개를 준비하고 1) 직접 빌리루빈(포합형 빌리루빈); 2) 1의 대조구; 3) 간접빌리루빈(비포합 빌리루빈); 4) 3의 대조구로 각각 레이블링한다.

(2) 표준실험 : 시험관 6개를 준비하고 각각 5, 6, 7, 8, 9, 10 시험관에 빌리루빈 표준용액 0ml, 1ml, 2ml, 4ml, 8ml, 바탕시험용액(표준 빌리루빈용액에서 빌리루빈을 뺀 용액) 순으로 넣는다.

(3) 대조구 시험관인 시험관 2, 4는 그대로 두고, 다른 모든 시험관에 Diazo reagent 1ml씩 각각 넣고 잘 흔들어 준다.

(4) 2분 후에 직접 빌리루빈의 농도를 구하기 위하여 455nm에서 시험관 1, 2의 흡광도를 측정한다.

(5) 30분 후에 간접 빌리루빈의 양을 측정하기 위하여 흡광도를 측정한다.

(6) 빌리루빈 표준용액의 흡광도를 측정하고 그래프 용지를 이용하여 표준곡선을 그리고 표준곡선으로부터 혈청 속의 총 빌리루빈(mg/100ml)의 양을 얻기 위하여 간접 빌리루빈과 직접 빌리루빈의 값을 구한다.

* 환자에게서 육안으로 황달을 발견하려면 혈청 빌리루빈치가 2.5mg/dL 이상 되어야 한다. 빌리루빈 시험시 주의할 점은 빌리루빈은 빛에 파괴되므로 채혈 후 빨리 검사하고 검사가 늦어지는 경우는 빛에 노출되지 않도록 혈청을 분리하여 냉장 보관하여야 한다.

4. 질문

(1) 담즙산(bile acid)은 콜레스테롤의 대사산물이다. 1차 담즙산은 간에서 생산된다. 2차 담즙산은 장에서 생산된다. 담즙산은 장간 순환을 통하고 간세포에서 담즙(bile)로 배출된다. 그러면 이러한 담즙산이 간세포의 손상시 혈청에서 어떤 메커니즘의 부족으로 어떤 현상이 나타나는지 설명하여 보시오.

5. 참고문헌

(1) 대한 임상 병리학회, 임상병리학, 3편, 2001, 고려의학.

실험 43. 간세포의 기능 검사

1. 실험의 목적

간세포의 기능을 *in vivo*, 또는 *in viro* 실험을 통하여 확인하여 본다.

2. 실험의 원리

널리 시행되고 있는 것으로, 색소 브롬설팔레인을 혈중에 넣으면 간세포로부터 배설된다. 따라서 간세포 활동이 저하되면 혈중에 정체한다. 즉, 일정량의 색소액을 혈중에 주입하고, 일정 시간 후의 혈중농도를 조사해 보면 그 기능상태를 알 수 있게 된다. 이 검사법은 황달을 볼 수 없는 간 실질의 장애에서는 그 양성도와 장애도는 잘 병행하며 민감하고 좋은 방법이다. 그러나 담도 통과장애가 있으면 간 실질의 장애 여부와 관계없이 이상치를 나타내므로 간성 황달이 심할 때의 가치는 희박하다.

3. 실험재료 및 방법

재료

(1) 시료 : 브롬설팔레인(테트라브롬 페놀프탈레인 술폰산소다), 수산화나트륨, 0.85% NaCl.

* 세팔린-콜레스테롤 시약(0.1g의 세팔린과 0.3g의 콜레스테롤을 8ml의 에테르에 녹여 만든 후 물과 표준시약 = 30 : 1로 섞는데 30ml의 물을 먼저 70℃로 데운 후 암조건에서 표준시액 1ml를 넣고 끓는 물중탕 위에서 27ml가 되도록 농축 후 냉장보관, 0.85% NaCl.

(2) 기기 : 시험관.

방법

(*in vivo* 실험)

(1) 5%의 브롬설팔레인(테트라브롬 페놀프탈레인 술폰산소다)액을, 체중 10kg당 1cc 비율로 팔꿈치정맥에 서서히 주입한다.
(2) 30분 후(또는 45분 후)에 반대측 팔꿈치정맥으로부터 채혈한다.
(3) 혈청을 분리하여, 수산화나트륨으로 착색하고, 표준 색소액과 비색하여 농도를 결정한다.
(4) 정상 시는 30분치(分値) 5% 이하, 45분치 0%이다.

(*in vitro* 실험)

(1) 정상인과 환자의 혈청을 얻는다.
(2) 2개의 시험관 1, 2에 각각 0.85% NaCl 용액 4ml를 먼저 놓고, 다음에 혈청 0.2ml씩을 차례로 함께 잘 섞어 준다. 바탕실험은 NaCl만 넣고 시험관 3으로 표시한다. 각각의 시험관에 세팔린-콜레스테롤 시약 1ml씩을 가하고 vortex한다.
(3) (2)를 솜마개를 막고 어두운 곳에 둔 다음 24시간 후에 뭉침을 관찰한다.
(4) 시험액에 빛을 비추어 보아 우유색이면 음성이고 양성일 때는 침전의 현상이 나타난다. 이 용액을 24시간 더 놓아두어 같은 결과가 나오면 침전이 계속 있는 양성의 경우는 간장 질환이 있음을 의미한다.

4. 질문

(1) 이 외에도 간 기능 검사에는 여러 가지 방법이 있다. 세 가지의 간 기능 검사를 조사하여 원리를 비교 설명하여 보시오.

5. 참고문헌

(1) 대한 임상 병리학회, 임상병리학, 3편, 2001, 고려의학.

실험 44. 신장의 기능 검사

1. 실험의 목적

신장의 사구체 여과율을 측정함으로써 신장의 기능을 측정한다.

2. 실험의 원리

신장 기능 검사법에는 좌우 양쪽 신장의 기능을 합친 전체로서의 신장 기능을 측정하는 총 신장 기능 검사법과 좌우 양쪽 신장의 기능을 각각 별개로 측정하는 각 신장 기능 검사법이 있다.

신장

신장은 수분-전해질 조절, 산-염기평형, 내분비 기능으로 체내의 생리적 평형과 혈압을 유지시키며 불필요한 노폐물을 배설시키고 있다. 신장에서는 사구체여과, 세뇨관 재흡수 및 세뇨관 분비(배설)을 통하여 역동적 조절을 하고 있다. 건강인에서는 심박출량의 25%가 신장으로 공급되어 신혈장량이 500~600ml/min 정도로 유지된다. 사구체에서는 하루 150L(120ml/min)씩 여과되지만 신세뇨관을 통과하면서 99%가 재흡수되고 소변은 하루 1.0~1.5L만 만들어진다. 신장질환은 사구체, 신세뇨관, 간질 및 혈관의 네 개의 기본적 구성요소를 침범하는 병변으로 나누어진다. 신장의 생리적 기능이 저하되면 인공적으로 신장의 기능을 대신하는 신장대체요법을 시행하여야 하며, 현재 투석과 신장이식이 이용되고 있다. 투석은 독성 물질을 체외로 제거하는 방법으로 혈액 투석과 복막 투석이 있고 투석의 효과를 입증하고 많은 합병증을 예방 및 감시하기 위하여 다양한 검사를 이용한다. 신장이식은 가장 효과적인 신장대체방법으로 조직적합성과 면역억제에 대한 조사가 충분히 이루어져야 한다. 신장질환에서의 실질적인 기능을 평가하려면 신사구체의 여과기능, 체내 및 체외 복합물들에 대한 배설 능력, 신장의 요농축능으로 반영되는 수분 및 전해질 재흡수 능력 등에 대한 검사를 받아야 한다.

총 신장 기능 검사법

대표적인 것으로는 혈액 잔여 질소 측정법, 요소질소 측정법, 희석 및 농축시험, 페놀술폰프탈레인 배설시험, 클리어런스 시험이 있다. 혈액 잔여 질소 측정법은 혈액 속에 함유되는 질소화합물 중에서 단백질 이외의 것(암모니아・요소・요산・아미노산・푸린체・크레아틴 등)을 측정한다. 정상 값은 1dl 중에 25~40mg이다. 요소질소 측정법은 오줌 속의 요소를 탄산암모늄으로 분해하고, 그 암모늄을 발색시켜 기준액과 비교한다. 정상값은 1dl 중에 8~18mg이다. 이것은 앞 실험의 소변분석실험에서 이미 다루었다.

페놀술폰프탈레인 배설시험

배설시험은 색소제를 정맥주사하여 오줌으로 배설되는 양을 비색계로 측정한다. 정상일 때는 2시간 이내에 60% 이상이 배출된다. 이종 물질을 부하해서 뇨중으로의 배설량으로 신기능을 측정하는 방법으로 부하 물질로는 여러 색소를 사용하는데 이 중 phenolsulfonphthalein(PSP), fuchsin, indigocarmine이 있으나 신장기능 검사로 PSP를 많이 사용한다. PSP는 체내에서 산화 파괴되지 않고 전부 신장에서 배설되고 알칼리에 의해 간단히 발색정량할 수 있다. 본 실험은 근위 세뇨관의 기능 검사이다. 이때 색소의 1/3은 사구체에서 거르고 그 나머지는 세뇨관에서 배설된다.

클리어런스 시험

클리어런스 시험은 신장 각부의 기능을 따로따로 알 수 있는 정밀검사이다. 클리어런스란 1분간 오줌 속에 배설되는 물질의 양을 공급하는 데 필요한 혈액량의 최소한도를 나타내는 것이다. 검사 목적에 따라 여러 가지 약제를 투여한다. 동위원소를 쓰는 레노그램이나 레노신티그램에 의한 검사도 행하여진다.

뇨농축시험

신장의 농축력을 시험하기 위하여 수분을 제한한 음식을 주고 배뇨 상태를 조사하는 방법. 아침 6시에 배뇨를 시키고 마른 음식을 준다. 그 후 오전 8시에서 오후 8시까지 2시간마다 따로따로 오줌을 채취하여 그 분량・비중 및 빛깔을 검사한다. 정상인은 처음에 배설한 1회의 오줌의 양이 150~200ml이고, 횟수를 거듭할수록 감소되며 비중이

1.025 이상으로 증가하는데, 만성신염인 경우에는 분량과 비중이 모두 일정하여 변동이 없고 비중은 낮다.

3. 실험재료 및 방법

재료

(1) 시료 : NaOH, NaCl, PSP(phenolsulfonphthslein).

* PSP 표준용액-600mg의 PSP에 2N NaOH 0.84ml를 가한 후 0.75%의 NaCl 용액으로 100ml를 만든다(6mg/ml 앰플 판매).

(2) 기기 : 주사기, 컵, Spectrophotometer.

방법

(1) 아침 6시에 일어나서 간단한 아침식사를 한 후, 배뇨 후 정맥에 1ml의 PSP 용액(6mg/ml)을 주사하고 물 한 컵을 마시게 한다.

(2) 15분 경과 후 채뇨하여 양을 측정하고 물 한 컵을 마시게 한다.

(3) 주사 후 30분, 1시간 2시간 후 채뇨하여 뇨의 부피를 얻는다.

(4) 채취한 각각의 뇨 시료를 200ml의 물로 묽히고 약 10ml의 10% NaOH를 1방울씩 떨어뜨려 기다리면 발색이 된다. 다음 물을 넣어 5배로 희석 후 520nm에서 흡광도를 측정한다.

(5) PSP 표준용액 0.5ml(3mg)를 소량의 물에 섞고 10ml의 10% NaOH 용액으로 발색시킨 후 물로 1000ml가 되게 하여 흡광도를 측정한다.

* 15분 배설량이 25% 이상이 아닐 때는 병적이다. 2시간 배설량이 10% 이하일 때는 중증 신장장애이다(2시간 배설량 : 55%)

4. 질문

(1) 뇨 클리어런스 시험은 사구체 여과에 관련된 기능이다. 신장의 클리어런스 기능을

정상인과 환자인 두 생명체를 가지고 신장 기능 검사를 하기 위한 실험을 디자인하여 보시오.

5. 참고문헌

(1) 대한 임상 병리학회, 임상병리학, 3편, 2001, 고려의학.

5장

생화학에 관련된 발효 반응

실험 45. 보쌈김치의 발효 반응

1. 실험의 목적

김치의 발효 과정을 실험을 통하여 관찰하여 본다.

2. 실험의 원리

김치

김치는 우리나라에서 재배하는 배추를 포함한 여러 종류의 야채들을 6~8시간 절여서 만든 자연적으로 발효된 식품이다. 김치를 15℃에서 발효시키면 4단계의 과정이 일어난다. 첫째 혐기성 환경이 조성되고, 둘째 유산균의 증식과 유산이 생성되고, 셋째 산패가 일어나고, 넷째 연부현상이 일어난다. 김치의 미생물적인 분포를 관찰해 보면 1단계에서는 통성혐기성균인 *Bacillus*가 많으며 2와 3단계에서는 4속에 속하는 유산균이 증식하는데 유산균의 종류는 주로 *Leuconostoc*(발효 초기)와 *Lactobacillus*(발효 후기)속이 많이 증식한다.

보쌈김치

보쌈김치는 알맞은 길이로 썬 무와 배추에 해물과 채 썰은 견과류를 넣고 갖은 양념을 한 소를, 넓은 배추 잎에 싸서 고구마 줄기로 잘 묶어서 담근 김치로 자연 발효된 후에 먹으면 시원하며 감칠맛이 대단하다.

3. 실험재료 및 방법

재료

(1) 시료 : 배추 1/4포기, 무 100g, 배 1/4개, 밤 2개, 미나리 20g, 갓 20g, 쪽파 20g, 낙지 50g, 굴 50g, 마늘 4쪽, 생강 1쪽, 석이버섯 약간, 대추 2개, 밤 1개, 잣 10개, 실백 약간, 고춧가루 4큰 술, 설탕, 소금, 실고추 약간, 볶은 통깨, 젓국 약간.

(2) 기기 : 항아리, 절구(소).

방법

(1) 배추는 소금을 배추 줄기 사이사이로 약간씩 뿌려 6~8시간(이상은 안 됨) 절인 후에 깨끗이 씻어서 잎부분을 자르고 윗줄기 부분은 3cm의 길이로 썬다.

(2) 배와 무는 배추와 같이 사방 3cm 크기, 0.3cm 두께로 썰어 놓는다.

(3) 갓, 미나리, 쪽파, 낙지는 3cm 정도의 길이로 썬다.

(4) 밤은 동글납작하게 썰고, 대추는 굵게 채 썰고, 잣은 잣눈을 떼고, 굴(굴을 넣으면 오래 두고 먹을 수 없으므로 원하지 않으면 넣지 않아도 된다)은 깨끗이 씻어 물기를 빼놓는다.

(5) 고춧가루에 마늘, 생강, 물(또는 젓국), 소금(젓국을 넣는 경우 생략)을 넣고 양념을 고루 섞어 놓는다.

(6) 배추, 무에 (5)의 양념을 넣어 버무린 후 배, 갓, 미나리, 쪽파, 굴, 낙지를 넣어 버무리면서 간을 맞춘다.

(7) 오목한 그릇에 절인 배춧잎을 깔고 (6)의 김치를 담아 그 위에 석이버섯채, 대추채, 실백을 고명으로 얹고 배추보자기로 꼭 덮어 고구마 줄기로 싼다. 자연 발효(땅 속 깊이)를 시키면 좋다.

4. 질문

(1) 김치의 발효 때 일어나는 생화학 반응을 설명하고 발효시 생성되는 물질들은 어떤 것들이 있는지 설명하여 보시오.

5. 참고문헌

(1) 한국 미생물학회, 미생물학 실험서, 1998, 을유문화사.

실험 46. 요구르트의 발효 반응

1. 실험의 목적

우유를 이용하여 요구르트의 발효 반응을 실험을 통하여 공부한다.

2. 실험의 원리

요구르트

요구르트는 발효유의 일종으로 우유류에 젖산균을 접종·발효시켜 응고시킨 제품이다. 비교적 산이 많고 상쾌한 풍미가 있는 식품이다. 원료유로는 우유 외에 염소젖·면양유가 쓰이는데, 소화가 잘되고 장을 깨끗하게 하는 정장효과가 있다. 본래 요구르트는 발칸 지방·중동, 특히 동부 지중해 연안 제국에서 제조·음용되었다. 러시아의 세균학자 메치니코프가 발칸 지방에 장수자가 많은 것은 요구르트를 상용하기 때문이라고 주장하였고, 요구르트를 마시면 젖산균이 장 내에서 독소를 생성하는 유해균을 억압하고, 이 때문에 부패 성분의 발생·흡수를 억제한다고 하여 제조와 음용이 전 세계적으로 보급되었다.

요구르트의 중요성

미국의 하우저는 요구르트의 중요성으로 첫째, 젖산균이 장 내에서 각종 비타민 B를 만든다. 둘째, 칼슘이 젖산에 녹아 흡수가 쉬워진다. 셋째, 탈지우유로 만든 것은 동물성 지방이 없으므로 비만해지지 않는다. 넷째, 장 내에 가스를 발생하지 않는다는 것을 주장함으로써 한층 더 널리 보급되게 되었다. 서양에서는 원료유로 전지우유를 쓰고 있으나 한국에서는 주로 탈지유를 쓰고 풍미와 외관을 위해 탈지분유·가당연유·한천 등을 첨가하고, 감미료로서 설탕·꿀 등을 첨가하여 균질화시켜 가열·살균(95℃로 5분간)한다. 요구르트 제조에 쓰이는 젖산균은 불가리아 젖산 간균(*Lactobacillus bulgaricus*)과 스트렙토코쿠스 테르모필루스(*Streptococcus thermophilus*)구균인데 이들은 유당(lactose)을 유산(lactic acid)으로 전환하고 그 외에도 CO_2, 초산, Diacetyl, Acetaldehyde 등이 형성되어 신선한 맛과 향기를 낸다. 간 균은 아세트알데히드와 같은 맛과 향기의 물질을 생산하고 구균은 간균보다 빨리 생장하고 산의 생성에 주된 역할을 한다. 생성된 유산은 우유의 pH를 낮추어 우유단백질인 카제인(casein)의 등전점에 이르게 하여 응고시키며 산에 약한 세균이나 다른 오염균들의 생장을 억제한다.

3. 실험재료 및 방법

재료

(1) 시료 : 우유 1,000ml, *Lactobacillus bulgaricus*(간균)과 *Stereptococcus thermophilus* (구균) 또는 플레인 요구르트 150cc(시중에서 판매하는 요구르트 등).

(2) 기기 : 요구르트 제조기 또는 압력밥솥, 85℃ 배양기, 47℃ 배양기.

방법

(1) 요구르트를 만들 용기는 뜨거운 물로 한번 소독한다.

(2) 우유는 지방 함량이 1.5~2% 정도된 (저지방) 우유를 사용하되 보통 우유를 사용하여도 된다.

(3) 압력밥솥을 37℃로 설정한다.

(4) 유리 용기에 우유 1,000ml를 넣고 플레인 요구르트 150ml 한 통을 넣어서 잘 섞어준다(잘 섞는 것이 중요함).

(5) 랩으로 2겹 정도 씌워 밀봉하거나 덮개로 덮음. 요구르트 제조기에서는 3시간(47℃) 정도 배양하고, 압력밥솥(37℃)에서 1시간 정도 배양한 후 7~8시간 놓아둔 뒤 냉장고에 보관하고, 일부는 덜어서 pH 및 총 산도를 측정한다.

(6) 맛은 냉장고에 보관 후 12시간이 지난 후 측정한다.

(7) 만든 요구르트는 냉장고에 넣어 4~5일간 저장할 수 있으며 오래 두면 표면에 곰팡

이가 생기거나 산화되므로 가능한 한 빨리 먹는 것이 좋다.

*** 총 산도 측정 :**

피펫을 이용하여 발효된 요구르트 9g을 덜어서 50ml의 비커에 넣고 페놀프탈레인 지시약을 2방울 떨어뜨린다. 그 다음 0.1N NaOH로 분홍색이 없어질 때까지 적정하고 적정한 NaOH의 부피를 측정한다.

적정산도 측정

%유산 = 0.1NNaOH ml값 × 보조인자 × 0.009/시료의 용량 × 비중 × 100

시료가 9g 경우 = NaOH ml값 × 보조인자 × 0.1

발효가 잘된 것은 pH가 4.5 정도, 총 산도가 0.9%가 예상되며 부드러운 고형의 커드가 관찰되며, 막 제조된 요구르트의 세균의 수는 10^9/g(1,000,000,000)이다.

4. 질문

(1) 요구르트가 장에서 중요한 역할을 하며 좋은 발효식품으로 알려져 있는데, 생체에서는 어떤 중요한 생화학 작용에 영향을 미치는지 설명하여 보시오.

5. 참고문헌

(1) 박계인, 김재식, 식품가공실험실습법, 1973, 향문사.

실험 47. 과일식초의 발효 반응

1. 실험의 목적

포도, 레몬, 사과, 토마토를 발효 반응을 응용하여 식초를 만들어 본다.

2. 실험의 원리

초산의 발효는 알코올이 산화하여 생성되는 것이다.

$$C_2H_5OH + O_2 \rightarrow CH_3COOH + H_2O$$

즉, 46g의 알코올에서 60g의 식초가 생기게 된다. 실제로는 알코올의 농도가 6%가 되는 포도주를 사용하여 발효시키면 초산이 약 6%인 식초를 얻을 수 있다.

3. 실험재료 및 방법

1) 포도식초

재료

(1) 시료 : 산화 부패된 포도주나 포도주 제조시 얻어지는 찌꺼기. 끓인 3차 증류수.
(2) 기기 : 배양기, 병.

방법

(1) 산화 부패된 포도주 및 포도주 제조시 부산물로 얻어지는 찌꺼기 등으로 초산발효가 가능하다. 알코올 농도가 4~6% 되도록 끓인 물(식초의 2~3배)을 섞어서 섭씨 25~30℃ 장소에 두어 발효시킨다(산소가 많이 필요하므로 표면이 넓은 용기를 사용한다).

(2) 식초의 숙성기간은 식초 종류에 따라 다르나 5~10℃에서 2~3개월 소요되고 고유한 초산의 자극 냄새, 향미가 생기고 분해되지 않는 단백질, 펙틴 등이 침전하여 여과 정제를 용이하게 한다.
(3) 발효된 식초는 깨끗하게 씻어서 체로 먼저 거르고, 두 번째는 살균한 여과종이나 gauze(거즈)를 체 위에 놓고 투명한 식초액이 여과되도록 하고 여과된 식초액을 깨끗한 유리병에 담는다.
(4) 품질보존을 위하여 살균을 하는데 식초가 든 유리병을 60~65℃에서 30분, 80℃에서 5분간 가열 살균한(초산균의 내산성의 불완전균 살균) 후 마개를 꼭 막아서 서늘한 장소에 보관하면 깨끗하고 위생적인 식초를 먹을 수 있다.

2) 토마토식초

재료

(1) 시료 : 토마토 1kg, 설탕 170g, 이스트.
(2) 기기 : 유리병, 면자루.

방법

(1) 토마토를 껍질째 1cm 두께로 썰어 오지항아리나 유리병에 담는다.
(2) 담아놓은 토마토에 이스트를 미지근한 물에 녹여 토마토가 충분히 잠길 정도로 붓고 아랫목에 이불을 덮어 알코올 발효시킨다.
(3) 알코올 발효된 토마토 술을 걸러서, 여과액을 30~32℃의 온도로 높여 7~10일간 초산 발효 반응을 시킨다.
(4) 알코올 발효가 끝나면 면자루에 담아 70% 정도 짠다.
(5) 알코올 농도가 4~6%가 되도록 맑은 물을 섞어 24~30℃에서 초산 발효시킨다.
* 초산균이 술에 번식하면 더께가 앉는데 두껍고 점성이 있으면 좋은 식초가 된다.

3) 레몬사과식초

재료

(1) 시료 : 레몬 500g, 사과 500g, 누룩가루.
(2) 기기 : gauze(거즈).

방법

(1) 흠집이 없고 좋은 사과를 골라서 물로 잘 씻어서 물기를 완전히 제거한다.
(2) 사과를 4~6등분하여 사과를 항아리에 차곡차곡 담는다. 레몬을 3~4등분하여 사이사이에 넣어서 사과와 1 : 1의 비율을 만든다. 레몬은 적당히 달고 과즙이 풍부한 종이 좋다. 그러면 식초도 많이 나오고 발효도 잘된다.
(3) 유기농이나 무공해 사과를 제외하고는 사과 윗부분에 누룩가루를 뿌린다.
(4) 사과 윗부분을 짚이나 거즈로 덮고 돌로 눌러준다.
(5) 3~4개월 후 식초 원액을 거즈로 길러서 깨끗한 병에 담아서 사용한다.

4. 질문

(1) 레몬사과식초의 제조 과정에서 유기농이나 무공해 과일이 아닌 경우에 사과 윗부분에 누룩가루를 뿌려 주는데 그 이유는 무엇인지 설명하여 보시오.

5. 참고문헌

(1) 박계인, 김재식, 식품가공실험실습법, 1973, 향문사.

실험 48. 막걸리의 발효 반응

1. 실험의 목적

우리 조상들이 만들었던 막걸리의 발효 반응을 실험을 통하여 만들어 본다.

2. 실험의 원리

전통술의 발효

술의 발효는 전분의 당화 과정과 생성된 포도당의 알코올 발효 과정으로 나누어진다. 우리나라에서 예로부터 막걸리는 가장 담그기 간단한 술로 서민들의 사랑을 받아왔으며, 다른 토속주들은 그 원리는 동일하나 약간씩 변형된 방법들이 사용되었다. 우리나라의 전통술을 분류해 보면 곡류주, 소주류, 약용류, 그리고 과일주 등 4종류로 분류된다. 전통술의 제조는 재료와 물을 잘 선택해야 하며 무엇보다도 누룩이 술맛을 좌우하기 때문에 중요하다.

누룩

전통술을 빚기 위해서는 먼저 누룩을 잘 디뎌야 한다. 통밀을 부수어 물과 함께 반죽해서 덩어리지게 하여 약 6개월 간 발효시키면 속속들이 곰팡이가 핀다. 누룩 속에 들어 있는 곰팡이가 *Aspergillus oryzae*와 *Bacillus subtilis*인데, 이들 미생물이 내는 α-amylase에 의하여 전분의 당화가 일어나고 여기에 효모가 붙어 알코올 발효를 한다. 이렇게 만든 누룩과 쌀, 보리 등 곡물 원료를 한데 버무려 물과 함께 옹기 독에 넣어 발효시키면 짧게는 3일, 길게는 1백일 정도 후에 찌꺼기가 가라앉고 술독 표면에 맑고 노란 물이 떠오른다. 이것을 떠내면 알코올 도수 16도 전후의 약주가 된다.

남은 찌꺼기에 물을 타서 체에 걸러내면 탁주(막걸리)가 되고 소주고리에 증류해 내면 소주가 된다. 유명한 약주로는 백하주, 호산춘, 소곡주 등이 있으며 막걸리로는 숟가락으로 떠먹어야 할 정도로 진한 이화주, 산성막걸리가 유명하였고, 소주로는 문배주,

이강주, 안동소주 등이 유명하였다. 이 밖에도 노송의 썩은 허리에 술을 빚어 넣은 와송주, 대나무 속에서 익힌 죽통주 같은 술도 있었다.

막걸리

질 좋은 막걸리를 만들려면 먼저 쌀을 잘 준비하여야 하는데, 벼가 필 때부터 일제히 익은 벼를 골라 준비한다. 그리고 누룩은 적당한 시기에 만든 것을 골라야 한다. 즉 누룩을 여름에 잘 골라 뜨게 한 것을 이용한다. 쌀과 누룩을 섞어서 술을 담글 때 깨끗하게 다루어야 하고 샘물이 좋은 것을 택해야 한다. 그리고 좋은 도기를 사용해야 하며 고루 술이 익도록 온도를 잘 맞추어야 한다.

막걸리 원료 :

누룩(곡자)

누룩은 소맥, 호맥 등을 분쇄하여 반죽 성형한 후 공기 중의 곰팡이를 자연 번식시켜 각종 효소를 생성, 분비하는 종국의 일종이며, 야생 효모를 지니고 있으므로 밑술(주모)의 모체 역할을 겸한 발효체의 일종이다.

쌀

세계적으로 널리 재배되고 있는 쌀의 품종은 인디카형(Indica type)과 자포니카형(Japonica type)의 두 가지로 대변되며 자포니카형은 길이가 짧고 둥근 형태로 길이와 폭의 비가 1.6~1.8 정도이고 인디카형은 가늘고 길며 길이와 폭의 비가 일반적으로 1.9 이상이다. 우리나라에서는 일반미라 불리는 추청(秋晴), 동진, 일품 등의 자포니카형 벼가 주로 재배되고 있으며, 통일벼 계통인 밀양 23호, 노풍, 삼강 등과 같은 자포니카형과 인디카형의 중간형 품종은 70년대 및 80년대 말까지 식량 증산을 위해 개발되어 재배되었으나, 현재는 거의 생산되고 있지 않으며 인디카형도 재배되고 있지 않다.

쌀은 탁주와 약주 제조시 중요한 원료로서 품질이 주질에 미치는 영향에 대해서는 많은 검토가 이루어졌으며 주질에 미치는 영향은 크다고 할 수 있다. 또한 탁주와 약주의 제조 공정이 복잡하여 주질은 주로 공정관리에 의해 결정된다.

3. 실험재료 및 방법

재료

(1) 시료 : 누룩(또는 시판하는 종국)
(2) 기기 : 술항아리, 용수

방법

(1) **막누룩딛기** : 우리 술빚기에서 맨 먼저 해야 할 일은 누룩을 잘 만드는 것이다. 밀 1되를 껍질째 타 개어 물로 되게 반죽을 하고, 이것을 누룩 틀에 담고 발뒤꿈치로 꼭꼭 밟아 디딘 후 바람이 잘 통하는 곳에 두고 곰팡이 씨와 효모 씨를 앉혀 띄운다. 잘 디딘 누룩은 곰팡이가 속속들이 고루 피고 향긋한 냄새가 나야 한다. 밀을 타 개어 껍질째 덩어리지게 띄운 것을 막누룩이라고 하는데, 우리나라에서는 좋은 술을 담기 위해 막누룩을 사용하였다.

(2) **전통술 원료의 처리** : 쌀 또는 찹쌀 500g을 2시간 이상 충분히 물에 불린 다음 물을 잘 빼고 찜통에 쪄서 잘 익힌다. 이밖에도 시루에 쪄낸 밥을 쓰기도 하며 백설기를 찌거나 죽을 쑤는 등의 여러 가지 방법으로 술의 원료를 처리한다.

(3) **술빚기와 발효** : 술밥과 누룩이 준비되면 오염이 되지 않도록 끓여 식힌 물이나 금방 길은 샘물로 술밥과 도토리알 만하게 부순 누룩가루를 함께 버무린 다음 술독에 켜켜로 넣어 술을 빚는다. 종국을 쓰는 경우는 찐 살이 어느 정도 식은 다음에 직접 넣고 잘 섞어준다. 항온 배양기에 하루 밤 정도 놓아두면 쌀알 위로 *Aspergillus oryzae*가 곱게 자라는 것을 볼 수 있다. 술독은 반드시 같은 것으로 사용하고 김치나 잡항아리는 쓰지 않는다.

(4) 술을 넣어 놓은 술독은 너무 덥지도 차지도 않은 곳에 둔다. 쌀이나 찹쌀 200g에 대해 깨끗한 물 1L 비율로 넣어주고 필요하면 효모를 첨가하여 준다. 술이 다 되어 술찌꺼기가 차분히 가라앉으면 또 한번 술밥과 누룩을 넣어 두 번째 담금을 한다. 이렇게 다 된 술로 다시 빚어 진하게 빚어내는 것을 중양법이라 한다. 이런 중양법을 3번 이상 거듭한 것을 춘주라 부르고 최고급의 술로 친다. 술이 익었는지는 술

독을 두들겨 보아 맑은 소리가 나거나, 심지에 불을 켜서 술독 입구에 넣었을 때 꺼지지 않으면 바로 술이 다 된 것이다.

(5) **약주 떠내기** : 찌꺼기를 포함한 걸쭉한 술덧에서 노릇하고 맑은 약주를 받아내는 방법은 술독 가운데에 용수를 박고 용수의 틈새로 스며들어 고인 전주를 조심히 떠내면 이것이 진짜 우리의 청주이고 약주이다. 이렇게 하면 아주 진하고 맛있는 약주를 얻게 되는데, 더 많은 약주를 얻으려면 처음부터 술덧을 모두 자루에 담아 약틀에 짜내기도 한다.

(6) **소주내리기** : 소주는 술덧을 솥에 넣어 끓여 알코올 증기를 받아낸 것을 말한다. 이런 조작을 증류한다고 하는데 아라비아의 향수 만들기로부터 발전한 기술이 몽고 침략 때 전해진 것이라고 한다. 술에 불을 때면 물보다 낮은 온도에서 끓는 알코올 증기와 향 성분들이 먼저 기화되어 소주고리 윗부분에 부딪친다. 이때 뒤집어 얹어 물을 담아 놓은 솥뚜껑 바닥에 증기가 부딪치면서 온도 차이 때문에 술방울이 맺히는데, 이렇게 맺힌 술방울을 옆구리의 주둥이로 받아내면 바로 소주가 되는 것이다. 도수가 높은 소주를 얻고자 하면 이런 과정을 거듭하면 되고, 대개 이런 방법으로 소주를 내리면 45° 정도의 소주를 얻을 수 있다.

(7) **탁주(막걸리)거르기** : 앞에서 말한 약주를 떠낸 후 남은 술덧에 물을 부어 섞은 후 채에 바쳐 밥알을 으깨고 찌꺼기를 걸러 낸 것이 바로 막걸리이다. 처음부터 막걸리만을 얻기 위해 빚은 고급탁주를 순탁주라고 하는데, 숟가락으로 퍼서 먹어야 할 만큼 진한 이화주 같은 막걸리가 이에 속한다.

4. 질문

(1) 우리 전통주 중에 청주는 여러 가지 천연 향장품 재료로도 많이 사용되는데, 청주의 어떤 성분들이 이용되는지 설명하여 보시오.

5. 참고문헌

(1) 박계인, 김재식, 식품가공실험실습법, 1973, 향문사.

실험 49. 포도주의 발효 반응

1. 실험의 목적

주위에서 구입할 수 있는 포도를 재료로 효모의 당분을 이용하는 대사작용을 이용하여 와인을 만들어 본다.

2. 실험의 원리

포도

포도의 당분은 효모(*Saccharomy cescerevisiae*)에 의하여 해당 과정을 거쳐 분해되어 아세트알데히드로 변환된 후 산소의 존재 하에서 TCA cycle에 의해 NADH, ATP의 생합성이 이루어져 효모세포의 증식이 일어난다.

$$\text{Glucose} \xrightarrow[\text{Glycolysis}]{} \text{Pyruvate} \xrightarrow[+O_2]{} \text{Acetyl - CoA} \longrightarrow \text{TCA cycle}$$

산소가 없는 상태에서 아세트알데히드는 알코올 탈수소효소에 의해 NADH의 도움으로 에탄올을 형성한다.

$$\text{Pyruvate} \xrightarrow[\text{산소차단}]{} \text{Acetaldehyde + NADH} \xrightarrow[\text{Alcohol dehydrogenase}]{} \text{Ethanol}$$

포도의 당분 함유량이 적으면 당분은 효모의 증식에 의해 대부분 소멸되어 알코올의 생산량이 낮아지고 과량의 당분은 과량의 알코올을 생산하여 효모의 발효를 중단시키므로 소모되지 않은 여분의 당분은 당분 함량이 과도한 알코올로 된다. 그러므로 국내산 포도는 당분 함유량이 낮으므로 효모의 증식과 10~14%에 해당하는 알코올을 생성할 수 있도록 약간의 설탕을 넣어주는 것이 좋다. 다량의 당분이 존재하는 상태는 효모보다 생성 속도가 빠른 세균의 증식이 심각한 문제가 되므로 효모를 보호하면서 세균의 증식을 억제하는 환경조성이 필수적이다. 따라서 포도주의 제조시기는 15~20℃의 온도가 유지되는 포도의 수확철인 9월 말~10월 초가 포도 발효의 적기이다. 적포도주는 고기를 먹을 때 같이 마시며 너무 차지 않게 해야 제 맛을 느낄 수 있다. 백포도주는 생선 및 해산물을 먹을 때 같이 마시며 너무 차지 않게 해야 제 맛을 느낄 수 있다.

포도주 담그기의 주의사항

포도는 우선 신선하고 흠집이 없는 것을 고르는 것이 가장 중요하다. 흠집이 많으면 숙성 과정에서 찌꺼기가 많이 생겨 포도주가 탁해지기 때문이다. 과실주는 완숙된 과일로 담그는 것이 원칙이지만 미완숙 과일을 조금 섞으면 더 맛이 좋다. 완숙 : 미완숙의 비율은 8 : 2 정도가 적당하다.

과실주에서 사용되는 소주는 30~35° 정도가 가장 이상적이다. 일반 소주는 모두 25° 정도이므로 과실주용으로 따로 나와 있는 소주를 골라야 한다. 도수가 낮으면 장기 보관할 때 변질될 위험이 있다.

포도 분량은 담을 용기의 1/3 정도가 적당하다. 소주는 포도를 담고 나서 용기의 80% 정도까지 부을 수 있는 분량이 필요하다. 너무 가득 담으면 포도주가 발효하면서 생기는 가스층으로 인해 용기 내의 압력이 커져 자칫 위험할 수도 있다. 설탕을 넣어 담그는 경우 포도와 설탕의 비율은 1 : 1(부피 기준) 정도가 좋다.

포도주의 숙성 기간은 보통 2~3개월이다. 포도주색이 보라색으로 변하기 시작하고 포도알갱이의 색이 바래지면서 포도 꼭지를 뗀 곳이 흐물거리기 시작하면 적당히 숙성되었다는 증거이다. 그러면 포도를 건져내고 술만 다른 병에 옮겨 담는다. 그대로 두면 색깔이 흐려지고 도수가 낮아지기 때문이다. 집에서 담그는 과실주는 숙성 과정에서 대부분 침전물이 생긴다. 그냥 흔들어서 마셔도 상관은 없지만 깔끔한 기분으로 마시고 싶다면 포도를 건져낸 뒤 발이 고운 가제나 종이 타월을 이용해 찌꺼기를 거른다.

3. 실험재료 및 방법

재료

(1) 시료 : 포도 1kg, 소주 1.8L(원하지 않으면 넣지 않아도 됨), 설탕 500g, 또는 소주와 설탕 대신 과실주용 리퀴르 2L(도수 30° 알코올에 설탕과 올리고당 등 당분이

3% 함유되어 있기 때문에 따로 설탕을 첨가할 필요가 없다).

(2) 기기 : 항아리(또는 유리병), 채.

방법

(1) 잘 익은 포도를 깨끗이 씻은 다음 체나 소쿠리 등에 받쳐 물기를 뺀다.

(2) 포도 : 설탕을 4 : 1 비율로 섞어 설탕이 녹으며 섞이도록 으깬다.

(3) 깨끗한 항아리 또는 유리병에 담는다. 더울 때는 1주일 정도 선선할 때는 20일 정도 가야 발효가 된다(소주를 넣었을 경우는 3개월에서 6개월 정도 숙성시키며, 장시간 보관을 원할 때는 설탕을 넣지 않는 것이 좋다).

(4) 발효가 되면 포도 건더기를 체에 받쳐 걸러낸다(1차 발효).

(5) 2차 발효를 시킨다. 물이 끓는 것처럼 거품 방울이 생긴다.

(6) 2차 발효가 끝나면 말갛게 가라앉아 빛 좋은 포도주가 된다.

(7) 완성된 포도주는 깨끗하고 예쁜 병에 담아 밀폐시켜 서늘한 곳에 보관한다.

4. 질문

(1) 포도로부터 와인의 발효 과정을 생화학적인 메커니즘으로 설명하시오. 그리고 와인이 사람에서 미치는 이로운 점과 해를 끼치는 점을 과학적으로 설명하여 보시오.

5. 참고문헌

(1) 박계인, 김재식, 식품가공실험실습법, 1973, 향문사.

실험 50. 장 발효 반응–간장, 된장, 고추장, 청국장

메주 만들기

1. 실험의 목적

우리 민족의 우수한 발효식품이었던 메주를 실험을 통하여 만들어 본다.

2. 실험의 원리

장

김치와 더불어 다양한 종류를 자랑하는 장은 각 지방에 따라 독특한 특성을 가지고 있고 민족의 식품으로 알려져 있다. 장에 대한 기록은 고려사에 처음 나타나며 11세기에는 외적의 침입으로 추위와 굶주림에 떠는 백성들에게 소금과 장을 나눠준 기록이 발견된다. 콩은 열악한 환경에서도 잘 자라며 단백질과 식물호르몬인 이소플라본이 풍부하여 가난했던 백성들에게는 단백질 공급원이었다. 최근에는 건강식품으로도 알려져 있다.

메주

메주는 콩을 삶아 절구에 찧어 네모난 모양으로 만들고 짚을 꼬아 묶어서 건조하고 따뜻한 방에 메달아 두면 여기에 미생물이 자라 콩단백질을 분해하여 아미노산으로 만들어 준다. 메주는 만드는 재료, 만드는 장소, 그리고 띄우는 장소에 따라 붙는 미생물이 일정하지 않으며, 네모난 모양으로 인해 겉과 속에 자라는 미생물 또한 같지 않다. 메주는 제일 먼저 콩의 단백질이 아미노산으로 분해하는 과정을 거치고 난 이후에 각종 미생물이 번식하면서 고유의 맛과 향기를 낸다. 메주에서 자라는 주요 미생물에는 *Bacillus subtilus, B. pumilus, Staphylococcus aureus* 등과 같은 세균류와 *Aspergillus* sp.,

Micor sp., *Rhizopus* sp. 등의 곰팡이류, 그리고 *Rhodotorula flava, Toluopsis dotila* 등이 있으며, 이들은 Amylase와 Protease를 만들어 내기 때문에 메주 발효의 주요 효소가 된다.

3. 실험재료 및 방법

재료

(1) 시료 : 메주콩.
(2) 기기 : 항아리, 메주틀, 절구, 가마솥.

방법

(1) 메주로 쑤을 콩 중에서 쭈글쭈글한 콩이나 불순물을 골라낸다. 알이 크고 모양이 통통하며 콩눈 근처에 주름이 없는 것이 좋은 콩이다.
(2) 콩을 무쇠 솥에 담고 물을 부어 삶는다. 보통 한 솥을 찌는데 콩 반가마로 솥의 1/2을 채우고 물을 2/3쯤 차도록 부은 뒤 1시간 정도 불을 때고 나서 2시간 동안 뜸을 들인다.
(3) 불을 땔 때는 가끔씩 뚜껑 위로 찬물을 부어 주면서 삶는다.
(4) 삶아진 콩을 퍼낸다.
(5) 절구에 삶은 콩을 넣고 찧는다.
(6) 찧어낸 콩을 목침만한 네모 틀에 넣어 메주 모양을 만들어낸다.
(7) (6)의 메주를 그대로 하루 동안 말린다.
(8) 짚으로 새끼를 꽈서 메주에 묶어 통풍이 잘되도록 매단다.
(9) 실내에서 1주일 정도 말린다.
(10) 해가 있을 때는 내놓고, 해가 지면 들여놓는 식으로 밖에서 3주일 정도를 더 말린다.
(11) 짚으로 묶어 매단 메주에는 짚이 닿은 부분에 하얀 곰팡이가 피어야 제대로 마른 메주이다.

(12) 4주일을 말린 메주를 온돌방에 들여놓고, 멍석이나 짚을 깐 바닥에 메주 한 켜, 순서로 여러 겹을 쌓은 뒤 솜이불을 덮어 놓고 3일, 다시 뒤집어서 3일, 다시 뒤집어 가며 2주일 동안 메주를 띄운다. 그 과정이 지나면 다시 밖에 내놓고 1주일을 말린 뒤 수세미로 깨끗이 씻어 다시 1주일 동안 말린다.

간장 • 된장 만들기

1. 실험의 목적

메주를 이용하여 여러 종류의 영양소를 골고루 가지고 있는 간장과 된장을 만들어 본다.

2. 실험의 원리

잘 띄운 메주는 아주 단단하며 검푸른 빛이 난다. 잘 마른 메주는 며칠 동안 햇볕을 쪼여 솔로 이물질을 털어 낸 후 깨끗한 물에서 두 번 정도 씻어 독에 담는다. 대개 음력 정월 말에 장을 담그며, 3개월 정도 (음력 4월 말경) 시간이 걸린다. 그리고 메주 한 말 (10되, 메주 6~7개)에 소금 예닐곱 되와 물 한 동이의 비율로 담근다. 메주를 소금물에 담갔다가 우려내면 장 속에는 이를 이용하는 미생물이 붙게 되고 맛과 향의 변화가 수반하게 된다. 대개 알코올 발효와 산 발효가 일어나 고유의 풍미를 내게 된다. 된장의 맛은 아미노산에 의한 구수한 맛과 전분의 당화에 의한 단맛, 소금의 짠맛이 알코올 발효와 산 발효의 산물과 어우러져 독특한 맛과 향을 내는 것이다. 우리나라는 지리적인 특징 때문에 각 지방마다 특색있는 장이 존재한다.

3. 실험재료 및 방법

재료

(1) 시료 : 감초, 메주 4장(콩 6되), 간수 뺀 소금(1년 이상), 대추, 태양초 고추, 숯.
(2) 기기 : 항아리, 용수.

방법

(1) 장을 담그기 위한 소금을 준비한다. 소금은 천일염을 사다가 볕이 안 드는 지하실에 차곡차곡 쌓아서 간수가 빠져나가도록 한다. 간수가 빠지지 않은 소금을 그대로 사용하면 된장 맛이 씁쌀해지므로 포장된 그대로 간수가 빠져나간 것으로 위의 것부터 차례로 사용한다.
(2) 장을 담글 소금물은 미리 만들어 두는데 우선 큰 항아리에 물을 담고 날계란을 1개 띄워 보아서 계란이 물 밖으로 동전 크기만큼 보일 정도로 (염도 17도) 소금을 풀어 놓은 뒤 3일 동안 그대로 둔다.
(3) 3일 후에 보면 항아리의 1/3 정도 높이까지 찌꺼기가 가라앉으므로 그 위의 물만 사용하면 된다.
(4) 메주와 대추, 숯, 태양초 고추 등을 준비한다.
(5) 입구가 넓은 항아리를 골라 깨끗이 닦아 바싹 말려 놓은 뒤 그 안에 메주를 켜켜로 쌓아 넣고 간수를 제거한 소금물을 부은 뒤 대추, 고추 그리고 소금을 군데군데 얹는다.
(6) 마지막으로 새빨갛게 불에 달군 참숯을 그대로 항아리에 넣는다.
(여기서 중요한 부분은 1년 정도 지난 간수 뺀 소금을 사용하는 것이다.)
(7) 낮에는 햇빛을 받게 해주면서 3개월 후에 충분히 갈색을 띠고 있을 때 나무 용수와 바가지를 이용하여 항아리의 물을 다른 독으로 걸러낸다(간장).
(8) 남은 메주는 잘 으깨어 꼭꼭 눌러두었다가 간장을 담글 때 사용한 소금을 위에 뿌리고 보름 정도 양지바른 곳에 놓아둔다.
(9) (8)을 거치지 않고 간장을 떠낸 뒤 바로 해두어야 할 것이 있는데, 이것은 간장을

떠내고 남은 된장을 잘 으깬 다음에 감초(100g)를 삶아서 우려낸 물과 삶은 메주콩(된장의 1/5 정도)을 넣어 된장과 잘 섞어서 꼭꼭 눌러준다. 된장의 제일 윗부분은 얇은 천으로 덮고 간수를 뺀 소금을 뿌린 후에 햇빛이 잘 드는 장소에 놓아두면 된장이 짜지 않으면서 삼삼한 맛을 내게 된다.

청국장 만들기

1. 실험의 목적

건강에 좋은 청국장을 발효 반응을 응용하여 만들어 본다.

2. 실험의 원리

청국장의 효능 :

노화 방지

청국장 속에는 비타민 E가 있다. 비타민 E는 토코페롤이라고도 불리는데 이것이 지방의 산화를 방지한다. 비타민 E의 항산화 작용으로 콩기름 속에 있는 리놀산이나 리놀렌산이 과산화물이 되어 우리 몸에 해를 끼치는 일을 막아 주게 되고 또한 청국장에는 콩에서 유래한 플라보노이드류도 많이 있으며 이들도 우리 몸 속에서 지방이 산화되는 것을 막아 준다. 그러므로 청국장은 노화나 주름살을 방지하는 효과가 있다고 알려져 있다.

혈전 용해 효소

청국장에는 심장병이나 뇌졸중의 원인이 되는 혈전을 녹여 주는 효소들이 많이 들어 있다.

당뇨병과 청국장

당뇨병은 초기 발견이 어렵고 한 번 걸리면 낫기도 어려운 병으로 알려져 있다. 당뇨병은 췌장에서 분비되는 인슐린이라는 호르몬의 분비량이 충분치 못하여 혈당치가 높아지는 병이며 실명이나 요독증 등의 합병증을 유발하기도 하므로 주의해야 한다. 당뇨병에 걸리면 비타민 B_2의 흡수율이 저하되기 때문에 비타민 B_2의 섭취는 당뇨병이나 그 합병증의 예방과 치료에 효과가 있다. 비타민 B_2는 대두(콩) 100g당 0.3mg 정도로 많이 함유되어 있지만, 청국장에서는 이보다 훨씬 많은 0.56mg이 함유되어 있다. 이는 발효균에 의해 많이 생성되기 때문이다. 또한 식이섬유도 당뇨병의 예방과 치료에는 효과가 있다. 식이섬유는 소화하기 어려운 성분으로 구성되어 있기 때문에 위 속에 오랫동안 머물게 되며, 이로 인해 소화된 음식이 장까지 도달하는 데 많은 시간이 소요된다. 따라서 혈당치의 상승이 느리게 진행되므로 분비되는 인슐린의 양이 적더라도 당의 분해나 흡수가 부드럽게 이루어진다. 청국장에는 비타민 B_2 뿐만 아니라 식이섬유가 많이 함유되어 있다. 또 청국장에 많이 함유되어 있는 레스틴은 인슐린의 분비를 왕성하게 해 줌과 동시에 동맥경화의 원인이 되는 혈액 중의 지방분을 감소시키는 효과도 있다.

콜레스테롤과 청국장

정상적인 성인의 몸에는 평균 100~150g의 콜레스테롤이 있다. 이것은 음식을 통해서 외부로부터 유입되기도 하지만 몸 안에서 생성되기도 한다.

콜레스테롤은 세포막의 구성 성분으로서 우리 몸에 반드시 필요한 물질로 부족한 경우 건강에 지장을 초래한다. 그 외에 신경섬유와 부신피질호르몬과도 관계가 깊고 적혈구를 보호해 주기도 한다. 그러나 어떤 경우에는 혈관이나 세포에 침착해서 동맥경화나 고혈압 등의 성인병을 유발하기도 한다. 레시틴은 세포 또는 혈관벽에 부착되는 악성 콜레스테롤을 혈액 속으로 녹여내어 노폐물로서 몸 밖으로 배출하도록 해 줌으로 해서 혈액 순환을 부드럽게 해주고 동맥경화나 고혈압 등의 성인병을 예방해준다.

정장작용

살아 있는 각종 효소와 청국장균이 우리의 몸에 들어가면 소화 활동을 활발하게 돕고 청국장이 지니는 식이섬유와 더불어 장을 깨끗하게 청소해 준다.

1g의 청국장에는 10억 개 이상의 균이 있는 반면에, 유산균 음료 1g에는 100만 개의

균 만을 함유하고 있다. 게다가 유산균과 청국장균의 장내 생존율을 비교하면, 유산균이 30% 미만인데 비하여 청국장균은 70%에 육박한다. 즉, 많은 균수를 지니고 있으면서 생존율이 높다는 것은 그만큼 효과가 크다고 할 수 있다.

위장 내에는 젖산균과 같은 유익한 균과 병을 일으킬 수 있는 유해한 균이 혼재해서 살고 있다. 만일 유해한 균들이 득세하면 작게는 변비를 유발하고 크게는 심각한 질병을 초래한다. 그러므로 우리 인체에 청국장균이 들어가면 장 내의 젖산균의 작용을 도와 여러 가지 이로운 물질을 생성하게 함으로써, 위장 내의 유용한 미생물들이 균형을 이루게 하고 설사나 장염 등을 예방하며 변비도 막아준다.

혈압강화 효과

고혈압에는 두 가지 형태가 있다. 몸에 특별한 이상이 없는데 혈압만 높은 '본태성 고혈압'과 심장이나 신장 등 몸의 어딘가에 존재하는 질병으로 인해 나타나는 고혈압, 즉 2차적이라고도 할 수 있는 '증후성 고혈압'이 있다. 청국장이 고혈압에 대해서 억제 효과가 있다는 것이 동물실험을 통해 보고되었다. 본태성 고혈압증은 유전적으로 타고 난 것이기 때문에 고혈압이 자연 발생된 쥐를 실험대상으로 한 결과 청국장 혼합사료를 한 달 가량 먹인 쥐에서 혈압이 거의 정상치에 가깝게 내려가는 것을 확인하였다. 고혈압의 방지에는 햇 청국장보다는 조금 묵은 것이 더 효과적이다.

우리의 몸에서 혈압을 조절하는 계통으로서 '안지오텐신(angiotensin)'이 있다. 혈압이 올라가는 이유는 안지오텐신 변환 효소(ACE)라는 물질이 작용하기 때문이다. 따라서, 의학적으로 사용되는 혈압강하제는 이 물질이 작용하는 것을 막아 줌으로 해서 혈압을 내려준다. 청국장에 있는 단백질을 분해하는 효소인 Protease라는 효소가 안지오텐신 변환효소의 작용을 강력하게 저지한다.

빈혈 예방

빈혈이라 하면 헤모글로빈의 양이 정상치보다 낮음을 뜻하는 것이다. 그 원인은 철분 섭취가 부족하거나 계속되는 출혈, 즉 위나 십이지장 궤양, 기타 질환으로 만성적으로 혈액의 손실이 있을 때 일어난다. 젊은 여성이나 임산부에서도 빈혈을 많이 볼 수 있고 특히 젊은 여성 중에는 다이어트 등으로 인한 부족한 식사량 때문에 철분의 섭취가 부족할 뿐 아니라 월경 등으로 인한 체내 철분의 손실도 있어서 빈혈에 걸리기 쉽다. 비만 체질에도 빈혈이 의외로 많다고 알려져 있다. 그 이유는 탄산음료, 주스 등의 단것 또는 면류 등의 당질류, 그리고 지방질이 많고 칼로리가 높은 식품을 과식함으로써 필요한 단백질이나 비타민, 미네랄의 섭취를 소홀히 하였기 때문이다. 식품 중의 철분은 주로 십이지장에서 흡수되어 골수에서 적혈구의 헤모글로빈을 만들어 준다. 청국장에는 100g당 3mg의 철분이 있고 이것은 식품으로서는 비교적 높은 수치이다. 뿐만 아니라 청국장에는 철분을 충분히 활용해서 빈혈을 막아주는 비타민 B_{12}도 함유되어 있다.

항암효과

콩을 씻을 때 거품이 생기는 것은 콩의 사포닌 성분 때문이다. 사포닌은 그 종류가 대단히 많고 인삼에도 사포닌이 있다. 콩의 사포닌은 발암을 억제하는 작용이 있으며, 혈액 중의 콜레스테롤 수치를 저하시키고 동맥경화를 예방하는 것으로 알려져 있다. 사포닌과 같이 식이섬유에는 유해성분이 장점막과 접촉하는 시간을 줄이고 유해성분을 흡착해서 독성을 약하게 하는 작용이 있다. 따라서 음식물 속에 있을 수 있는 발암 물질이나 장 내에서 생긴 발암 물질도 희석이 되고 단시간에 배설되기 때문에 대장암에 걸릴 가능성이 낮게 된다. 또한 청국장의 끈끈한 실의 주된 구성 성분이 polyglutamic acid인데, 이는 항암물질의 운반에 관여할 뿐만 아니라 그 자체로도 항암 능력을 지니는 것으로 알려져 있다.

갈변 물질

청국장의 미생물은 Protease와 Amylase를 분비한다. 이 효소들에 의해 대두는 분해되어 아미노산과 당 산물로 된다. 아미노산과 당이 반응하여 melanoidin이란 갈변 물질을 만든다. 이 갈변 물질은 고추장, 인삼, 오징어에서도 보관하는 중에 생기는데 미관상 문제가 되지만 갈변 물질 자체에는 매우 유용한 생리활성이 있다. 갈변 물질은 강력한 항산화 작용 및 당과 암의 발생을 예방해 주는 효과가 있다. 또한 melanoidin을 섭취시 장내의 유산균이 수십 배 증가한다는 연구보고도 있다.

polyglutamate

청국장의 발효 콩을 젓가락으로 떠보면 끈적끈적한 실같은 것이 딸려 오는 것을 볼 수 있다. 이것의 주성분이 polyglutamate이다. 아미노산 glutamic acid는 음전하를 띠고 있어서 양전하를 띤 물질을 운반할 수 있다. Polyglutamate는 taxol이란 항암 물질을 체내에 효율적으로 운반하는 능력이 있기도 하고, 그 자체가 항암효과가 있다는 보고도 있다. 또한 polyglutamate는 물을 잡아 당기는 보습제로서의 특성도 있어 화장품 재료에도 이용되고 있다.

고분자 핵산

항암효과, 면역증강효과 등 핵산의 유익한 생리활성이 요즘 많이 알려지고 있다. 세포 내에서 핵산의 생합성의 경로에는 de novo와 salvage pathway가 있다. 과거에는 de novo 대사경로에 의해 핵산이 합성되므로 음식물을 통해 공급할 필요가 없다고 생각하였다. 그러나, 근래에는 골수, 뇌, 피부 등의 조직에서는 de novo pathway에 의한 합성 능력이 약하다는 것이 알려지면서 음식물을 통해 핵산을 공급하는 것이 도움을 준다. 유익한 핵산은 그 분자량에 의해 저분자 핵산과 고분자 핵산으로 구분할 수 있는데, 저분자 핵산은 salvage 대사경로에서 이용되기에는 너무 많이 분해가 되어 사용할 수 없는 경우가 대부분이므로 고분자 핵산을 섭취해야 효율이 좋다. 고분자 핵산은 식품으로서 면역증강효과가 있다는 것이 중요하게 받아들여져서 프랑스에서는 특허가 출원되었고, 국내의 모 제약회사에서는 한때 시트릭산과 복합제제로 만들어 판매한 적도 있다. 청국장에서 고분자 핵산의 존재들이 확인되었다.

3. 실험재료 및 방법

재료

(1) 시료 : 대두, 볏짚.

(2) 기기 : 항아리.

방법

(1) 우선 좋은 대두를 선별하고 깨끗이 씻는다.
(2) 콩을 약 18시간 정도 물에 담가 준다. 이때 콩이 많은 흡수하기 때문에 콩 부피의 3배 이상의 물을 사용한다.
(3) 물에 불린 대두를 연한 갈색이 나타나고 먹기에 좋을 정도로 삶아준다.
(4) 청국장 제조 시에 가장 중요한 과정이 청국장의 맛과 향인데 대두를 발효시키는 균주에 따라 확연히 달라지므로 어떤 균주를 사용하느냐가 중요하다.
(5) 전통적인 방법으로는 삶은 콩을 볏짚과 섞어주어 볏짚 내의 균주가 삶은 콩으로 이동하여 콩을 발효시키게 된다. 개량형의 청국장은 특정 주를 직접 접종하여 발효시킨다. 집에서 청국장을 제조할 때에는 전통적인 방법을 사용하면 된다. 만일 볏짚을 구하기가 힘들 경우에는 삶은 콩을 그냥 발효시키면 공기 중에 떠도는 청국장 균주가 저절로 장착하여 청국장이 제조된다.
(6) 잘 냉장/냉동 보관된 청국장이 있다면, 이를 물에 풀어서 삶은 콩에 골고루 뿌린 후 발효시켜도 된다.
(7) 삶은 콩을 볏짚과 섞어 준 후 37~42℃, 습도 80% 정도를 유지하여 주면 2~3일 정도면 콩의 표면이 발효되어 갈색이 진해지고 하얀 실이 생기게 된다. 젓가락으로 콩을 떴을 때 실이 많이 생기면 좋은 청국장이 완성된 것이다.
(가정집에서 제조 시에는 따뜻한 방에서 이불 등으로 감싸두면 어느 정도의 온도는 유지된다. 습도는 약간 습한 정도면 된다).

*** 청국장 보관법**

장기 보관을 원한다면 랩으로 청국장을 싸서 냉동실에 보관한다. 이렇게 냉동 보관된 청국장은 상온에서 1~2시간 정도 방치하면 원래의 청국장과 동일한 향과 맛을 나타낸다. 잠시 보관을 한다면 냉장실에서 보관해도 된다.

*** 찌개 요리법**

재료 : 청국장 100g, 소금 1스푼, 고춧가루 1스푼, 다진 마늘 2쪽, 다진 생각 1쪽을 절구에 함께 넣고 잘 찧어 준다. 그것을 적당한 용기에 꼭꼭 눌러 담아 둔다. 적

당량을 물에 푼 다음, 멸치가루, 조개, 두부, 양파, 무 등을 넣고 끓이면 청국장 찌개가 된다.

고추장만들기

1. 실험의 목적

우리가 사시사철 즐겨먹는 고추장을 발효 반응을 이용하여 만들어 본다.

2. 실험의 원리

고추장은 우리나라의 독특한 조미료로서 된장 맛이 가미되어 구수한 맛, 짠맛, 단맛, 매운맛이 잘 조화된 맛을 가진다. 고추장은 전분질 원료에 따라 쌀을 사용한 쌀고추장, 보리쌀을 사용한 보리고추장, 밀가루를 쓴 밀가루고추장 등이 있다.

3. 실험재료 및 방법

1) 만들기 쉬운 일반 고추장

재료

(1) 시료 : 전통 엿기름(또는 물엿) 500g, 고운 고춧가루 1.8kg(3근), 고추장 메줏가루 1kg, (가는) 소금 1kg, 물 6L, 소주 2~3L.
(2) 기기 : 항아리, 큰 주걱.

방법

(1) 엿기름을 체로 쳐서 1컵을 준비하고 여기에 따뜻한 물을 부어 가라앉힌 후 이 물을 고운체에 다시 한 번 받는다. 엿기름 대신에 쌀로 만든 조청 물엿을 사서 사용하여

도 된다.

(2) 이것을 약한 불 위에 얹어 조금 더 삭힌 후 불을 조금 세게 해서 눌지 않게 잘 저으면서 끓인다. 일단 삭으면 가끔씩 저어 눌지 않게 한다.

(3) 펄펄 끓으면 소금을 넣어 한소끔 더 끓인 다음 불을 끄고 식힌다. 물엿을 사서 사용할 경우는 물엿을 약한 불에 올려 조금 두었다가 센 불에서 눋지 않게 주걱으로 잘 저으면서 끓인다. 그리고 소금을 조금 넣고 식혀 준다.

(4) 물엿이 한 김 나간 후 고추장 메줏가루를 먼저 넣어 잘 저은 후 고춧가루를 넣고 잘 섞어서 하룻밤 둔다.

(5) 다음날 소금간을 하고 달콤한 고추장을 원할 경우는 유기농 설탕을 넣어 달콤하게 한 후 소주를 넣어준 뒤 잘 섞어 항아리에 담는다.

(6) 한 주일 정도 햇볕에 놓아 고추장 표면이 꾸득꾸득하게 마르면 위에 얇은 천을 깔고 고운 소금을 뿌린다.

2) 밀가루 고추장

재료

(1) 시료 : 밀가루 2kg, 고춧가루 1.8kg, 엿기름 500g, 소주 2L, 메주가루 1kg, 소금 1kg, 물 6L.

(2) 기기 : 항아리, 주걱.

방법

(1) 밀가루에 물 4L를 섞어서 풀을 쑤어 60℃ 정도로 식힌다.

(2) 엿기름물을 만들어 체로 걸러서 2L를 준비한다.

(3) (1)과 (2)를 그릇에 담고 고루 섞어 뚜껑을 덮어 30℃로 식힌다.

(4) 단맛이 나면 메줏가루와 고춧가루를 섞어 버무린 다음 소금을 여러 번 나누어 간을 한 후 하룻밤을 두었다가 소주를 넣고 잘 섞어 항아리에 담는다.

3) 찹쌀 고추장

재료

(1) 시료 : 찹쌀가루 500g, 고춧가루 1.2kg(2근), 메줏가루 600g, 엿기름가루 900g, 소금 500g, 물 6L, 소주 3L.

방법

(1) 찹쌀을 깨끗이 씻어 물에 10시간 정도 불려 가루로 빻는다.
(2) 물을 끓여 식힌 후 엿기름가루를 풀고 손으로 주물러 체에 거른다.
(3) 솥에 체에 거른 엿기름액을 붓고 찹쌀가루를 곱게 푼 다음, 불에 데운 다음 식힌다.
(4) 약 30분 정도 지나면 찹쌀가루가 삭아서 묽어진다.
(5) 불에 올려서 한소끔 끓으면 불을 약하게 하여 30분 정도 졸여서, 약 1/3 정도가 되도록 한다.
(6) 넓은 그릇에 부은 후 식힌다.
(7) 식힌 그릇에 메주가루, 고춧가루를 넣고 고루 휘저어 섞어 하룻밤 둔다.
(8) 다음날 소금을 넣고 골고루 저어 간을 맞춘 후 소주를 넣고 잘 섞어 항아리에 담는다.

4. 질문

(1) 간장, 된장 담그기에서의 알코올 발효와 산 발효를 설명하여 보시오.
(2) 청국장의 혈압강화 효과에 햇 청국장보다 묵은 청국장의 효과가 크다고 했는데 이것은 무슨 이유인지 설명하여 보시오.
(3) 청국장이 함유하고 있는 polyglutamate의 특성에 대하여 설명하고 생체에서의 중요한 기능을 설명하여 보시오.

5. 참고문헌

(1) 박계인, 김재식, 식품가공실험실습법, 1973, 향문사.

(2) 한국미생물학회, 미생물학 실험서, 1998, 을유문화사.

실험 51. 효모를 이용한 왕만두 발효 반응

1. 실험의 목적

이스트(Yeast) 발효 반응으로 생긴 CO_2를 이용하여 맛있는 왕만두피를 만들어 본다.

2. 실험의 원리

밀가루

훌륭한 만두피를 만들려면 좋은 품질의 밀가루를 원료로 사용해야 하며 밀가루는 gluten의 함량이 많은 것일수록 비교적 흡수율이 크다. 밀가루는 gliadin(4.5%), glutenin(4.0%)을 함유하고 있으며 이들은 밀가루의 주단백질로 gluten을 이루고 있다. gliadin은 점성을, glutenin은 탄력성을 준다. 밀가루는 밀의 품종, 제분율에 따라서 만두피의 적성이 달라지는데 일반적으로 제분 직후의 가루는 gluten의 탄성이 약하며, 30~40일의 성숙기간이 지난 것은 좋으나 3~4개월 이상 지난 것은 나쁘다.

효모

효모는 팽창제의 역할을 하고 만두피에 좋은 향기와 고유한 맛을 주며 세균의 번식을 억제한다. 또 만두피의 외관, 맛, 영양 등 모든 면에 효과를 준다. 효모에는 건조효모와 압착효모 두 가지가 있는데 건조효모가 많이 쓰인다. 건조효모의 경우는 먼저 설탕용액에 40분 가량 37℃에서 활성화시켜서 사용하는 것이 좋다. 효모의 효소에 의한 밀가루 반죽은 alcohol과 CO_2, 그리고 aldehyde, ketone 및 유기산이 생겨서 향기로운 냄새와 맛을 내게 되고 독특한 풍미를 주는 동시에 팽창하게 한다. 효모가 발효하게 되면 gluten이 강하게 신장하고 반죽은 점탄성이 강하게 된다.

왕만두의 특징 :

속을 듬뿍 넣어 큼직하게 빚어서 쪄낸 중국식 왕만두는 맛이 일품이다. 소는 돼지고기에 파와 생강을 곱게 다져서 섞었기 때문에 누린내도 덜하고 부추와 새우를 만두소로 넣어 맛이 좋다. 특히 부드러운 만두피의 맛과 감촉이 굉장히 좋다.

3. 실험재료 및 방법

재료

(1) 시료 : 밀가루 3컵, 미지근한 물 1컵, 이스트(*Saccharomyces cerevisiae*) 1큰 술 ; [만두소] - 마른 새우 5마리, 돼지고기 300g, 물 1/4컵, 부추 1/2단, 굵은 파 1/2뿌리, 생강 1쪽, 간장, 소금 1큰 술씩, 참기름 2큰 술 ; [양념장] - 간장 3큰 술, 다진 마늘, 식초 1큰 술씩, 참기름 조금, 설탕 조금.

(2) 기기 : 찜통, 방망이, 큰 도마.

방법

(1) 미지근(37℃)한 물 1컵을 볼이 넓은 그릇에 붓고 적당량의 설탕을 녹인 후 분량의 이스트를 넣어 녹인다. 효모를 활성화시키기 위하여 30~40분 정도 배양기 또는 37℃에 넣어 둔다.

(2) 이스트가 활성화되면 채에 친 밀가루에 먼저 소금을 녹인 물을 넣고 효모를 넣은 더운물을 넣어 반죽한다. 더운물을 가해 귓밥 정도의 굳기로 연하게 반죽한 후 30분 이상 치대어 신선한 공기를 주입함으로써, 효모의 활동을 왕성하게 하고 반죽 외부와 내부의 온도를 균일하게 한다. 반죽이 완성되어 갈 때 발효 반응으로 생긴 거품을 제거하여 주고 또한 반죽 내에 균일하게 분포시킨다(거품 제거와 분포는 맛있는 왕만두피를 만드는 데 중요함).

(3) 반죽을 방망이로 밀어 손의 1/2 정도 크기만 하게 0.5cm 두께로 둥글게 빚는다.

(4) 돼지고기에 물을 조금 부으면서 한 방향으로 5분 정도 젓는다. 그래야 고기가 어기지 않고 진이 나며 부드럽다.

(5) 부추를 깨끗이 씻어 물기를 뺀 뒤, 송송 썰고 새우도 다지고 파도 다진다.
(6) 돼지고기를 파, 생강, 간장, 소금, 참기름으로 양념한 뒤 다진 새우와 부추를 넣고 고루 섞는다.
(7) 소를 만두피 속에 떠 넣고 오른손 엄지와 검지손가락으로 주름을 예쁘게 만든다.
(8) 만두 아물리기 : 엄지를 고정시킨 채 가장자리를 돌려가며 주름을 다잡은 뒤끝을 처음 주름에 붙인다.
(9) 만두 찌기 : 빚은 만두를 따뜻한 곳에 두어 부풀어지면 찜통에 젖은 배 보자기를 깔고 만두를 올려놓아 센 불에서 찐다.
(10) 장기간 보관하려면 만두를 쪄서 식혀서 봉지나 플라스틱 통에 넣어서 냉동고에 저장하면 1년 정도 먹을 수 있다.

4. 질문

(1) 만두피를 만들 때 효모에 의한 발효 반응이 일어난다. 밀가루의 발효 반응을 생화학적 메커니즘으로 설명하여 보시오.
(2) 밀가루의 성분인 글루텐(gluten)의 분자구조를 그려서 중요한 기능과 발효 과정에서의 기작을 설명하시오.

5. 참고문헌

(1) 박계인, 김재식, 식품가공실험실습법, 1973, 향문사.

부 록

부록 1. 생화학 관련 용액 제조

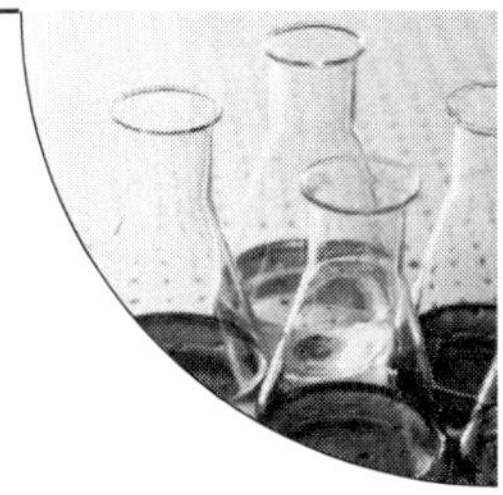

(1) 규정 용액(Normal solution)

1) 당량과 g 당량(equivalent & gram equivalent weight)

일반적으로 반응물질이 화학반응에 의하여 정량적으로 반응하였을 때 각 반응물질은 화학적으로 "서로 당량이다"라고 한다. 예를 들면

$$HCl + KOH \rightleftarrows HCl + 2H_2O$$

$$H_2SO_4 + 2NaOH \rightleftarrows Na_2O_4 + 2H_2O$$

위 식에 있어서 HCl 1분자와 KOH 1분자는 1당량이고 또 H_2SO_4 1분자는 NaOH 2분자와 당량이다. 이 당량이라는 개념을 구체적으로 표시하기 위하여 편의상 다음과 같이 정한다. 즉 반응하는 수소 1원자 또는 반응하는 산소 1/2원자를 기본으로 하여 이것을 함유하든가 또는 이것과 서로 당량인 물질(원소, 이온, 원자, 분자)량을 그 물질의 1당량(equivalent weight)이라 한다. 어떤 물질이 수소 n/2원자와 당량일 때 그 물질의 당량수는 n이다. 또 1당량으로 분자량을 나누면 당량수(equivalent number) n이 된다.

$$당량수 n = \frac{분자량}{1당량}$$

H_2SO_4 1분자는 2원자의 수소를 함유하고 모두 중화 반응에 참여하므로 그 당량수는 2이며 1당량은 49이다. 당량은 g단위로 표시한 것을 g 당량 중량(gram equivalent) 또는 g당량이라 한다. 즉 반응하는 수소 1g 원자, 또는 반응하는 산소 1/2g 원자를 함유하든가 또는 이것과 당량인 물질(원소, 이온, 원자단, 분자)량을 g 단위로 표시하였을 때 이것을 그 물질의 1g 당량이라 한다.

HCl 1mol(36.5g)은 1g 원자의 H를 함유하고 있으므로 1g 당량이고, H_2SO_4 1mol (98.08g)은 2g 당량이다. $KMnO_4$ 1mol(158.03)은 5g 당량이며 그 1/5mol(31.606g)이 1g 당량이다.

$$\text{원소의 1g 당량} = \frac{\text{원소의 1g 원자}}{\text{원자가}}$$

$$\text{산소의 1g 당량} = \frac{\text{산의 1mol}}{\text{반응하는 H의수(염기도)}}$$

$$\text{염기의 1g 당량} = \frac{\text{산의 1mol}}{\text{반응하는 H의수(염기도)}}$$

$$\text{염의 1g 당량} = \frac{\text{산의 1mol}}{\text{반응하는 이온의 원자가}}$$

$$\text{산화환원제의 1g 당량} = \frac{\text{산화환원제의 1mol}}{\text{출입한 1/2 OH의 수 또는 증감된 원자가}}$$

mg 당량은 당량을 mg 단위로 표시한 것이며 1g 당량은 1,000mg 당량이다.

2) 백분율 농도

백분율 농도(percent concentration)는 용액 100ml에 녹아 있는 용질의 g 수를 나타낸다. 5%(w/v)의 NaCl 용액은 100g의 용액에 녹아 있는 용질의 g 수가 5g일 때 %로 나타낸 백분율 용액이다.

3) 몰 농도

몰 농도(molarity)는 1L의 용액에 녹아 있는 용질의 몰수를 나타낸다. 몰농도는 'M'이라는 기호로 나타낸다.

> * 다음과 같은 관계들을 기억하여야 한다.
> 부피(L)×몰 농도 = 몰수
> 부피(ml)×몰 농도 = 밀리 몰수
> 부피(μl)×몰 농도 = 마이크로 몰수

4) 몰랄 농도

몰랄 농도(molality)는 용매 1,000g에 녹아 있는 용질의 몰수로 나타낸 농도이다. 몰랄 농도의 단위는 'm'이란 기호로 나타낸다. 예를 들면 1.0m의 요소(Urea) 용액은 1,000g

의 물에 우레아가 1.0몰(M) 녹아 있는 용액이다.

5) 백만분율과 십억분율

백만분율(parts per million, ppm) 또는 십억분율(parts per billion, ppb)은 10^6 또는 10^9 부분의 총 시료에 있는 성분의 부분 수를 나타내는 농도 척도이다. 이 단위는 분석화학, 물 분석 또는 식품 오염 분석과 같은 환경 응용 분야에서 많이 사용된다.

6) 노르말 농도

노르말 농도(normality, N)는 1L의 용액에 들어 있는 용질의 당량수로 나타낸 농도이다. 노르말 농도는 "N"이라는 기호로 나타내며 산-염기의 중화 반응에 관계되는 계산에서 사용된다. 산과 염기 또는 산화제와 환원제는 당량적으로 작용하기 때문에 다음과 같은 관계식이 이루어진다.

부피(L)×노르말농도 = 당량수

부피(mL)×노르말농도 = 밀리 당량수

$V_1 \times N_1 = V_2 \times N_2$

(2) 표준용액

1) 0.1N HCl 표준용액

12ml의 진한 염산을 1L의 flask에 취하여 증류수 750ml를 가하고 섞는다. 이 용액 10ml(혹은 25ml)를 0.1N NaOH로 적정한다. 지시약은 alizalin 혹은 methyl red를 사용한다. 예로 10ml의 HCl를 적정하기에 0.1N NaOH 14ml가 사용되었다하면 1.4÷10 = 0.14가 된다. 0.14는 만든 HCl의 normality(규정도)이다. 이 용액 1ml에는 0.14LmEq의 HCl이 들어 있다. 0.1N HCl 용액 1,000ml를 만들려면 지금 만든 HCl 용액 100÷0.14 = 714ml가 필요하다.

2) 0.1N 황산

95%(비중 1.84) 황산을 가지고 1L의 0.1N 황산을 만들려면

황산의 1당량(Eq)은 49g

진한 황산 1ml에 들어 있는 순수한 황산은

$1.84 \times 0.95 = 1.748g$

1.748g은

$1.748g \div 49 = 0.357Eq$

0.1N 황산 1L에는 100mEq의 황산이 들어 있으니 100mEq는

$100 \div 35.7 = 2.8ml$의 진한 황산에 해당한다.

(3) 시약

1) 0.25% 1-Amino-2-naphthol-4-sulfonic acid

(in 15% sodium bisulfate and 0.5% sodium sulfite)

a) 30g의 sodium bisulfite와 1g의 sodium sulfite를 200ml의 증류수에 용해시킨다.

b) 0.5g의 1-Amino-2-naphthol-4-sulfonic acid를 가한 후 잘 혼합한다.

2) Ammonium molybdate reagent

a) molybdic acid 100g를 144ml의 Ammonium hydroxide와 27ml의 증류수에 용해시킨다.

b) a)의 molybdic acid 용액을 489ml의 질산과 1,148ml의 증류수로 만들어진 수용액에 약간씩 흔들어 주면서 서서히 가한다.

c) 혼합물을 따스한 곳에 며칠 동안 방치해 준다. 이는 이 혼합용액의 상층액을 40℃에 가열했을 때 황색 침전(ammonium phosphomolybdate)이 나타나지 않을 때까지 계속한다.

d) 상층액을 침전물로부터 분리하여 상등액만 유리마개가 있는 병에 보관한다.

3) Ammonium sulfate, standard

a) stock ammonium sulfate solution(2mgN/ml) : 9.4332g의 ammonium sulfate (reagent grade)를 0.2N H_2SO_4가 절반 가까이 들어 있는 1L flask에 넣어 녹인 후 부피를 1L까지 0.2N H_2SO_4로 희석한다.

b) standard ammonium sulfate solution(0.1mgN/ml) : 1L의 flask에 150ml의 0.2N H_2SO_4와 50ml의 stock ammonium sulfate solution을 가한 후 11 부피까지 증류수를 가하여 희석한다.

c) stock ammonium sulfate solution(0.05mgN/ml) : 1L의 flask에 25ml의 stock ammonium sulfate solution을 가한 후 증류수를 가하여 1L로 맞춘다.

4) Barfoed's reagent(6.65% copper acetate in 0.9% acetic acid)

a) 13.3g copper acetate를 200ml의 증류수에 먼저 용해시킨 후

b) 1.8ml glacial acetic acid를 조심스레 가한 후 잘 섞어준다.

5) Bilirubin, standard solution(0.001mg bilirubin/ml)

a) stock bilirubin(0.1mg/ml) : 50ml의 chloroform을 100ml의 flask에 취한 후, 10mg의 bilirubin을 가용해시킨 다음 chloroform으로 100ml까지 채운다(갈색병 이용).

b) bilirubin standard(0.001mg/ml) : 1ml의 stock bilirubin(0.1mg/ml)을 취하여 50ml의 methanol을 가한 후, 다시 methanol를 가하여 100ml로 부피를 채운다. 잘 흔든 후 사용하며 실험할 때마다 새로이 만들어 사용한다.

6) Biuret reagent

(0.9% potassium tartrate. 0.3% $CuSO_4 \cdot 5H_2O$, 0.1% potassium iodide in 0.2N NaOH)

a) alkaline iodide

1L의 flask에 800ml의 증류수와 8g의 NaOH를 가하여 용해시킨 후, 5mg의 KI를 가한 후 용해될 때까지 잘 혼합한다. 용해가 다 된 후에 증류수로 1L를 맞춘다.

b) stock biuret

400ml의 0.2N NaOH를 1L의 flask에 취하고 45g의 sodium potassium tartrate tetrahydrate($NaKC_4HSO_8 \cdot 4H_2O$)를 가한 후 용해시킨다. 용해된 후에 5g의 KI를 가하여 용해시킨 후 0.2N NaOH를 가하여 1L까지 맞춘다.

c) working biuret reagent1L의 flask에 200ml의 stock biuret (b)를 넣고 1L 부피까지 alkaline iodide (a)를 가한 후 잘 혼합한다(polyethylene 병에 저장).

7) Creatinine, standard solution(0.015mg/5ml와 1mg/ml)

a) stock creatinine(1mg/ml) : 50ml의 flask에 50mg의 creatinine을 넣고 0.01N HCl 30ml를 넣어 용해시킨다. 0.01N HCl를 50ml까지 채워 몇 방울의 툴루엔(n)을 가하여 냉장보관한다.

b) creatinine standard(creatinine in N/12 tungstic acid ; 0.015mg/ml) : 500ml의 flask에 stock creatinine 용액(1mg/ml) 1.5ml와 N/12 sulfuric acid 400ml, 10% sodium tungstate 50ml를 채운다(혈액에서의 크레아티닌 정량).

c) creatinine standard(1mg/ml) : stock creatinine solution을 그대로 사용한다(urinary creatinine 정량).

8) Diazo reagent

a) sulfanilic acid solution : 0.1% solution A(0.1% sulfanilic acid IN 0.5% HCl) 1g의 sulfanilic acid를 15ml의 진한 HCl에 용해시킨 후 1L가 되게 한다.

b) 50% stock sodium nitrite : 25g의 sodium nitrite를 40ml의 증류수에 용해시켜 갈색 병에 넣어 어두운 곳에 놓아둔다.

c) working sodium nitrite(0.5% solution B) : 10ml의 증류수에 0.1ml의 stock sodium nitrite(50%)를 가해 만든다. 사용할 때마다 만든다.

d) diazo reagent : 10ml의 sulfanilic acid solution, (0.1% : solution A)에 0.3ml의 sodium nitrite(0.5% : solution B)를 가해 만든다. 사용 직전에 만든다.

9) Folin-Ciocalteu phenol reagent

(10% sodium tungstate, 2.5% sodium molybdate, 4.8% phosphoric acid, 3.5% hydrochloric acid, 15%lithium sulfate)

a) 1.5L의 Florence flask(reflux condenser에 연결)에 100g의 sodium tungstate, 25g의

sodium molybdate, 700ml의 증류수를 가한 후 용해한다.

b) 50ml의 85% phosphoric acid와 100ml의 진한 HCl를 가한 후 10시간 동안 서서히 reflux한다. reflux가 끝난 후 냉각시킨다.

c) 150g의 lithium sulfate, 50ml의 증류수와 그리고 몇 방울의 bromine을 가한다.

d) 후드 속에서 reflux condenser없이 15분 동안 가열하여 과량의 bromine이 제거되도록 끓인다.

e) 냉각한 후 용액을 1L의 flask에 옮기고 증류수로 1L까지 맞춘다. 거름종이 여과하여 갈색병에 담아서 보관한다. 만들어진 phenol reagent는 golden yellow 색이어야 한다.

10) glucose solution, standard(0.05mg/ml, 0.1mg, 0.2mg/ml)

a) benzoic acid solution, 0.25%

2.5g의 benzoic acid를 900ml의 증류수를 가하여 가열하면서 용해시킨다. 냉각한 증류수로 1L의 부피로 맞춘다.

b) Stock glucose solution, 10mg/ml

1g의 anhydrous glucose를 약 50ml의 0.25% benzoic acid 용액에 가한 후 용해시킨다. 0.25% benzoic acid 용액을 가해 100ml의 부피로 만든다.

c) standard glucose solution, 0.2mg/ml

100ml의 flask에 2ml의 stock glucose solution(10mg/ml)을 가한 다음, 0.25% benzoic acid 용액을 가해서 100ml의 부피로 만든다.

d) standard glucose solution, 0.1mg/ml standard glucose solution.

0.2mg/ml 글루코오스용액을 0.25% benzoic acid 용액으로 2배 희석하여 만든다.

11) Molybdic acid reagent(2.5% ammonium molybdate in 3N H_2SO_4) (acid molybdic reagent)

a) 25g의 ammonium molybdate를 200ml의 증류수에 용해시킨다.

b) 300ml의 10N H_2SO_4가 들어있는 1L의 flask에 위의 ammonium molybdate 용액을 가한 후 증류수를 넣어서 1L의 부피로 만든 후 잘 섞어준다.

12) Nessler's reagent[$(KI)2HgI_2$ in 8.3% NaOH]

(formula of Koch and Mcmeekin)

a) 30g의 KI를 20ml의 증류수에 용해시킨 다음 22.5g의 iodine을 가하여 용해시킨다.

b) a) 용액에 30g의 metallic mercury를 가한 다음 혼합물을 잘 흔든다. 혼합물이 점점 뜨거워지기 시작하면 냉수에 집어넣어 냉각시키면서 흔든다. 이 흔드는 조작은 상층액이 원래 iodine으로 인해 생긴 황색이 없어질 때까지 계속한다.

c) 상층액을 다른 용기에 옮겨 담은 다음 상층액의 몇 방울을 1ml의 1% soluble starch 용액에 가하여 본다. Iodine 검출을 위한 이 starch test가 나타나지 않으면 이 혼합물 용액이 mercurous 화합물을 갖고 있는 것이다.

d) 나머지 혼합물 용액에 위에서 만든 것과 같은 농도의 iodine 용액(a)을 1방울 가한다. 이 조작은 혼합물 용액이 1ml의 1% soluble starch 용액에 양성으로 나타날 때까지 계속한다.

e) 이 혼합물 용액을 증류수로 희석하여 총량이 200ml가 되게 한다.

f) 이 희석 용액(200ml)을 975ml의 10% NaOH 용액에 가하여 잘 혼합한다.

g) 혼합한 후 전체 용액이 맑아질 때까지 놓아둔 뒤 여과하여 상층액을 사용한다.

13) Picric acid solution(1.7% picric acid adjusted to pH 2), alkaline picrate

a) picric acid solution

1.2g의 picric acid를 100ml의 증류수에 용해시킨다.

b) alkaline picrate reagent

50ml의 picric acid solution과 10ml의 10% NaOH를 혼합하여 만든다(사용 직전에 만듦).

14) Phosphate solution, standard(0.01ml P/ml와 0.08mg P/ml)

a) stock phosphate(0.1mg P/ml)

1L의 flask에 0.439g의 monobasic potassium phosphate(KH_2PO_4)를 가한 다음 증류수로 1L의 부피로 만든 다음 잘 혼합한다.

b) phosphate standard(0.01mg p/ml)

1ml의 stock phosphate 용액(0.1mg p/ml)과 9ml의 증류수를 혼합하여 만든다.

c) Phosphate standard(0.08mg p/ml) 8ml와 2ml의 증류수를 혼합하여 만든다.

15) Urease, 0.5%

50mg의 urease를 소량의 증류수에 넣어 잘 저어 paste를 만든 후 조금씩 증류수를 부어 저으면서 총량이 10ml가 되게 한다(사용 직전에 만듦).

16) Urea, standard solution
(0.05mg urea nitrogen/5ml, 0.10mg urea nitrogen/5ml)

a) stock standard, 1mg urea nitrogen/ml

1.072g의 urea를 500ml의 flask에 가한 후 증류수 400ml를 넣어 잘 녹여준 뒤 증류수로 500ml가 되게 한다.

b) working standard 0.05mg urea nitrogen/5ml

1ml의 stock standard solution(1mg urea N/ml)을 사용하기 전에 증류수로 100배 희석하여 만든다.

c) working standard 0.10mg urea nitrogen/5ml

2ml의 stock standard solution(1mg urea N/ml)를 증류수로 50배 희석하여 사용 전에 만들어 쓴다.

17) Uric acid, standard solution
(0.002mg/ml, 0.005mg/ml, 0.008mg/ml)

a) stock standard, 1mg/ml

100g의 uric acid와 60mg의 lithium carbonate를 50ml의 증류수로 용해시키는데 가열을 위하여 약 60℃까지 데운다. 용액을 실온까지 냉각하고 증류수를 가하여 100ml의 부피로 맞춘 후 냉장 보관한다.

b) working standard 0.010mg/ml

1ml의 stock standard(1mg/ml)를 증류수로 희석하여 총량이 100ml가 되게 만든다.

c) working standard 0.002mg/ml

2ml의 working standard(0.010mg/ml)와 8ml의 working standard(0.010mg/ml)와 8ml의 증류수를 혼합하여 만든다.

d) working standard 0.005mg/ml

5ml의 working standard(0.010mg/ml)와 5ml의 증류수를 혼합하여 만든다.

e) working standard 0.008mg/ml

8ml의 working standard(0.010mg/ml)와 2ml의 증류수를 혼합하여 만든다.

부록 2. 생화학 물질의 단위들

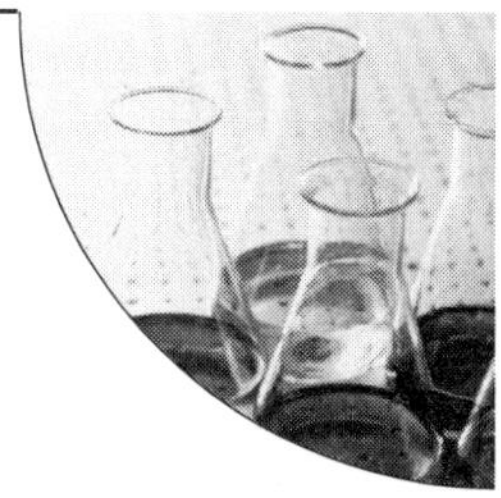

(1) 순물질의 양의 단위-기본 단위, 몰(mole)

명칭	기호	몰의 분수
밀리몰	Mmole	10^{-3}
마이크로몰	μ mole	10^{-6}
나노몰(밀리마이크로몰)	nmole(mμ mole)	10^{-9}
피코몰(마이크로마이크로몰)	pmole($\mu\mu$ mole)	10^{-12}

(2) 농도의 단위-기본 단위, 몰 농도(M)

명칭	기호	몰 농도의 분수
밀리몰	mM	10^{-3}
마이크로몰	μM	10^{-6}

부록 3. 완충용액

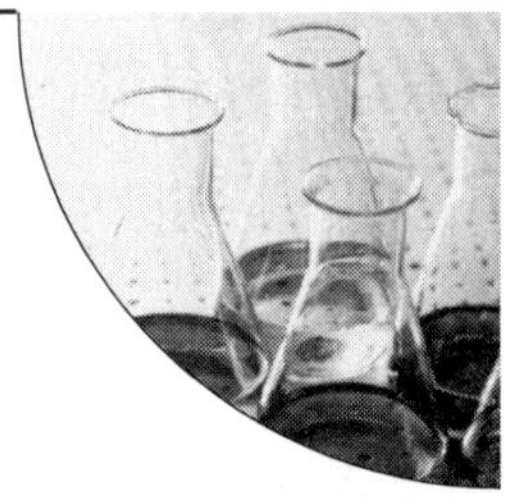

(1) 휘발성 완충용액

pH	0.05M 시트르산(ml)	0.05M 시트르산나트륨(ml)
3.00	91	9
3.20	86	14
3.40	80	20
3.60	75	25
3.80	70	30
4.00	65	35
4.20	60	40
4.40	55	45
4.60	50	50
4.80	44	56
5.00	39	61
5.20	34	66
5.40	29	71
5.60	24	76
5.80	19	81
6.00	14	86

(2) 흔히 사용하는 완충용액

1) 0.1M 아세트산 완충용액

pH	0.1M CH_3COONa(ml)	CH_3COOH(ml)
3.60	7.5	92.5
3.80	12.0	88.0
4.00	18.0	82.0
4.20	26.5	73.5
4.40	37.0	63.0

pH	0.1M CH_3COONa(ml)	CH_3COOH(ml)
4.60	48.0	52.0
4.80	59.0	41.0
5.00	70.0	30.0
5.20	79.0	21.0
5.40	86.0	14.0
5.60	91.0	9.0
5.80	94.0	6.0

2) 0.1M Tris 완충용액

pH	0.2M $NaHCO_3$(ml)	0.2M NaOH(ml)	H_2O(ml)
9.00	50.0	3.0	47.0
9.20	50.0	4.6	45.4
9.40	50.0	6.8	43.2
9.60	50.0	10.0	40.0
9.80	50.0	15.2	34.8
10.00	50.0	21.4	28.6
10.20	50.0	27.6	22.4
10.40	50.0	33.0	17.0
10.60	50.0	38.2	11.8
10.80	50.0	42.4	7.6
11.00	50.0	45.4	4.6

3) 0.1M 인산칼륨-인산나트륨 완충용액

pH	0.1M KH_2PO_4(ml)	0.1M Na_2PO_4(ml)
5.30	98	24
5.60	91	9
5.90	90	10
6.20	80	20
6.50	70	30
6.60	60	40
6.80	50	50
7.00	40	60
7.20	30	70
7.40	20	80
7.70	10	90
8.00	5	95

4) 0.1M 탄산 완충용액

pH	0.2M Tris(ml)	0.2M HCl(ml)	H_2O(ml)
7.00	50.0	46.6	3.4
7.20	50.0	44.7	5.3
7.40	50.0	42.0	8.0
7.60	50.0	38.5	11.5
7.80	50.0	34.5	15.5
8.00	50.0	29.2	20.8
8.20	50.0	22.9	27.1
8.40	50.0	17.2	32.8
8.60	50.0	12.4	37.6
8.80	50.0	8.5	14.5
9.00	50.0	5.7	44.3

부록 4. 압력을 온도로 환산하는 법

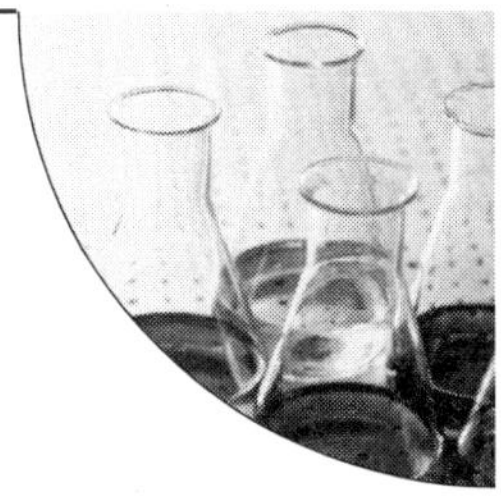

압력 (lb/in²)	온도		압력 (lb/in²)	온도	
	℃	℉		℃	℉
0	100.0	212.0	122.0	122.0	251.6
1	101.9	215.4	123.0	123.0	253.4
2	103.6	218.5	124.1	124.1	255.4
3	105.3	221.5	125.0	125.0	257.0
4	106.9	224.4	126.0	126.0	258.3
5	108.4	227.1	130.4	130.4	266.7
6	109.8	229.6	134.5	134.5	274.1
7	111.3	232.3	138.1	138.1	280.6
8	112.6	234.7	141.5	141.5	286.7
9	113.9	237.0	144.6	144.6	292.3
10	115.2	239.4	147.6	147.6	297.7
11	116.4	241.5	153.3	153.3	307.4
12	117.6	243.7	157.8	157.8	316.0
13	118.8	245.8	162.1	162.1	323.8
14	119.9	247.8	166.2	166.2	331.2
15	121.0	249.8	169.9	169.9	337.8

부록 5. 정상인의 소변 성분표 (24시간뇨)

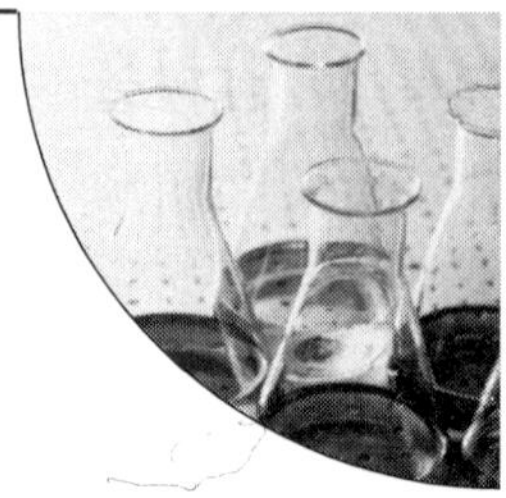

성분	농도 (또는 양)	성분	농도 (또는 양)
부피	1250ml	무기 황산염(SO_3로서)	2.16g
적정산도	284ml	에스테르형황산화합물(SO_3로서)	0.18g
총 질소	13.2g	중성 황산화합물(neuyral sulfate)	0.31g
단백질(총 질소에 해당하는)	82.5g	(SO_3로서)	
우레아 N	11.4g	총 무기 인산염(P_2O_5로서)	2.59g
암모니아 N	0.4g	염화물(NaCl로서)	12.1g
크레아티닌 N	0.61g	Na	5.0g
우르산 N	0.21g	K	2.5g
S, 총량(SO_3로서)	2065g	Ca	0.2g

부록 6. 유용한 Web Sites

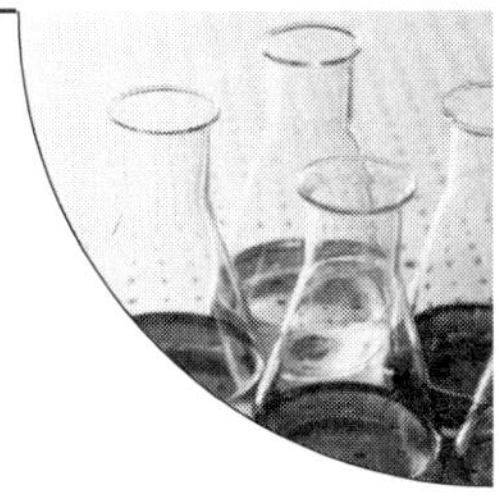

(1) 미생물 정보 Web Sites

① Bacterial Structure and Function (University of Wisconsin)
http://www.bact.wisc.edu/bacterialStructure/siteoutline

② Streptococcus (The Rockefeller University)
http://www.rockefeller.edu

③ Microbial Diversity (Marine Biological Laboratory)
http://www.mbl.edu

④ Resources for Educators (University of Connecticut)
http://yoda.ucc.uconn.edu

⑤ The Microbial Underground (Imperial Collebe)
http://www.qmw.ac.uk

(2) 미생물학 정보 관련 주요 Web Sites

1) 미생물학 관련 영상 databases

① Cells Alive!!
http://www.cellsalive.com

② Image Database for Microbiology (University of Connecticut)
http://yoda.ucc.uconn.edu

③ The Graphics Gallery, Access Excellence (Genentech)
http://www.gene.com

④ Protist Image Data (University of Montreal)
http://megasun.bch.umontreal.ca

⑤ Biological Molecule (EPM, Br)
http://www.epm.br

⑥ MathMol, Mathematics and Molecules (New York University)

http://www.nyu.edu

2) 미생물학 관련 논문

① PubMed, Medline 검색(National Center for Biotechnology Information)

http://www.ncbi.nlm.nih.gov/PubMed

② NIH on-line journals

http://www.nih.gov/science/journals

③ Nature

http://www.nature.com

④ Science Online

http://www.sciencemag.org

부록 7. 생명공학 정보 Web sites

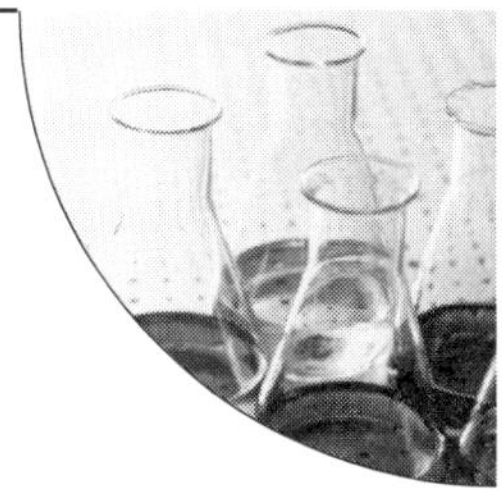

부록 7-1. 균주 및 세포주 은행

1) American Type Culture Collection (ATCC)
   http://www.atcc.org
2) E. coil Genetic Stock Center (CGSC, Yale University)
   http://cgsc.biology.yale.edu
3) Salmonella Genetic Stock Center (SGSC, University of Calgary)
   http://www.ucalgary.ca/kesander/index.html
4) Fungal Genetics Stock Center (FGSC, University of Kansas)
   http://www.fgsc.net

부록 7-2. 핵산 및 단백질 databases

1) GenBank Sequence Database(National Center for Biotechnology Information)
   http://www.ncbi.nlm.nih.gov/Web/Search/index.html
2) Protein Research Foundation Databases (PRF/LITDB)
   http://www.prf.or.jp

부록 7-3. Genome databases

1) Saccharomyces Genome Database (Stanford Genomic Resources)
   http://www.yeastgenome.org
2) Human Genome Management Information System
   (U.S Department of Energy)
   http://www.ornl.gov/hgmis/home.html

3) Genome Center (KRIBB)

http://www.kribb.re.kr

부록 7-4. 생명공학관련기관 web sites

1) 미국대학 Database

http://www.utexas.edu/world/univ

2) 한국생화학 분자생물학회

http://www.biochem.or.kr

3) 한국 분자세포생물학회

http://www.ksmcb.or.kr

4) 한국미생물학회

http://www.msk.or.kr

5) 국제보건기구(WHO)

http://www.who.ch

6) 파스퇴르 연구소

http://www.pasteur.fr/welcome-uk.html

7) 노벨 재단

http://www.nobel.se

8) National Center for Biotechnology Information(NCBI)

http://www.ncbi.nlm.nih.gov

9) European Molecular Biology Laboratory (EMBL)

http://www.embl-heidelberg.de

10) Cold Spring Harbor Laboratory (CSHL)

http://www.csh.org

11) Biotechnology Information Center USDA

http://www.nal.usda.gov/bic

12) Centers for Disease Control and Prevention (CDC)

http://www.cdc.gov

13) All the Virology Server

http://www.tulane.edu/dmsander/garryfavweb.html

14) Environmental Protection Agency

http://www.epa.gov

15) Phylogenetics Resources

http://www.ucmp.berkeley.edu

16) Biological Research Information Center (BRIC)

http://bric.postech.ac.kr

찾아보기

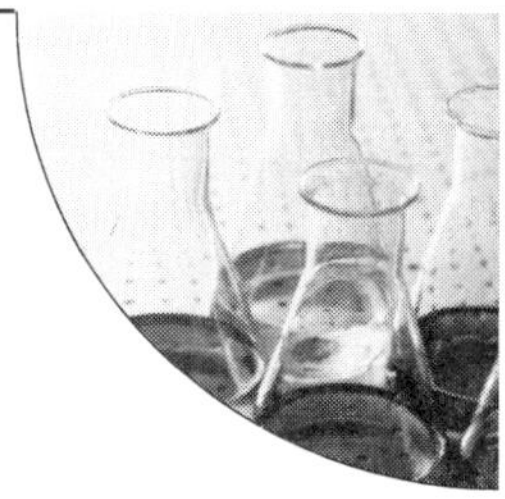

• B •

Barfoed 시약 / 64

Beer의 법칙 / 22

Bial 시험 / 66

Bradford 방법 / 47

• C •

Casein / 36

chromatography / 10

• E •

ELISA 반응 / 150

• G •

g 당량 / 211

• K •

Kjeldhal법 / 49

• L •

Lambert의 법칙 / 22

Liebermann-Burchard 시험 / 87

Lowry법 / 45

Luminflavin 형광법 / 133

• M •

methemoglobin / 29

• O •

oxyhemoglobin / 29

• P •

PCR법 / 101

Polyacrylamide / 18

primer / 102

• T •

Thin Layer Chromatography / 15

Tyrosinase효소 / 52

• ㄱ •

간 기능 검사 / 159, 160, 162

간세포 / 162

간암 / 160

간염 / 159
고추장 / 201

• ㄴ •

노르말 농도 / 213
노화 방지 / 195
누룩 / 184

• ㄷ •

다당류 / 62
단당류 / 62
단백질 / 35
단순지질 / 82
당뇨병 / 196
당량 / 211
동물성 지질 / 75

• ㄹ •

레몬사과식초 / 183

• ㅁ •

메주 / 191
멜라닌 색소 / 52
몰 농도 / 212
몰랄 농도 / 212
무기물 / 115

• ㅂ •

백만분율 / 213
백분율 농도 / 212
보쌈김치 / 175
복합지질 / 82
분광광도계 / 25
비누화 값 / 78
비색정량법 / 21
비타민 B_1 / 129
비타민 B_2 / 132
비타민 C / 135
빈혈 / 197
빌리루빈 / 164

• ㅅ •

산도 / 126
섬유질 / 110
수소이온활동도 / 3
신장 / 169
십억분율 / 213

• ㅇ •

아미노산 / 35
알칼리도 / 126
염석 / 41
완충용액 / 6
왕만두 / 206
요구르트 / 178
요오드값 / 80

용혈 현상 / 147
이당류 / 62
인 / 120

• ㅈ •

적혈구 / 84
전기영동 / 18
전통술 / 184
종이 크로마토그래피 / 68

• ㅊ •

찹쌀 고추장 / 203
철 / 123
청국장 / 195

• ㅋ •

칼슘 / 117
캡사이신 / 107
콜레스테롤 / 87

• ㅌ •

토마토식초 / 182
투석 / 41
트리아실글리세롤 / 75

• ㅍ •

펩타이드 결합 / 35
포도 / 188
포도식초 / 181
포스페티딜 에탄올아민 / 90
포스페티딜 콜린 / 90
표준용액 / 213

• ㅎ •

헤모글로빈 / 29
혈장 / 147
혈전용해 효소 / 195
혈청간염 / 160
형질전환 / 97
효모 / 188
히드라진(hydrazine) 비색법 / 138

저자소개

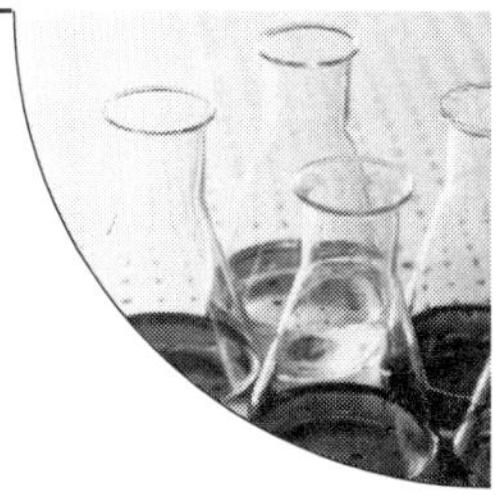

김 영 희

미국 University of Idaho 생화학 박사

미국 워싱톤 주립대학교(Washington State University)

부설 식물생화학 연구소(IBC : Institute of Biological Chemistry) 연구원

상명대학교 공과대학 의생명공학과 교수

현재 상명대학교 명예교수

저서

분자생물학 실험서, 2008, 월드사이언스.

성과 행복, 2005, 드림미디어.

질병과 노화의 비밀, 2005, 드림미디어.

생화학 실험서, 2004, 아카데미 서적.

천연 향장품 제조 실험서, 2003, 아카데미 서적.

일반화학, 1999, 광림사.

최신 생물공학, 1996년, 경북대학교 출판부.

Methods in Plant Molecular Biology and Biotechnology, 1993, CRC Press.

Biochemistry of Photorespiratory C-2 cycle, 1990, Alan R. Liss.